Professor Stewart's Cabinet of
Mathematical Curiosities

[英] 伊恩·斯图尔特◎著　张云◎译

数学万花筒

（修订版）

人民邮电出版社
北京

图书在版编目（CIP）数据

数学万花筒 / （英）伊恩·斯图尔特著；张云译.
-- 2版. -- 北京：人民邮电出版社，2017.4
（图灵新知）
ISBN 978-7-115-44027-3

Ⅰ. ①数… Ⅱ. ①伊… ②张… Ⅲ. ①数学—普及读
物 Ⅳ. ①01-49

中国版本图书馆CIP数据核字（2016）第276638号

内 容 提 要

　　本书是伊恩·斯图尔特教授在五十多年里收集的有趣的数学游戏、谜题、故事和八卦的精选。大部分内容独立成篇，你可以从几乎任意一处着手阅读。除去可以了解各种有趣的数学知识和八卦，你还可以亲自参与到数学当中，亲自制作数学游戏，试着解决数学谜题。作为参考，本书最后给出了那些有已知答案的问题的解答，以及一些供进一步探索的补充说明。本书适合各种程度的数学爱好者阅读。修订版对 2010 年版的译文进行了全面整理提升。

◆ 著　　　　［英］伊恩·斯图尔特
　　译　　　　张　云
　　责任编辑　楼伟珊
　　责任印制　彭志环
◆ 人民邮电出版社出版发行　　北京市丰台区成寿寺路 11 号
　　邮编　100164　　电子邮件　315@ptpress.com.cn
　　网址　http://www.ptpress.com.cn
　　固安县铭成印刷有限公司印刷
◆ 开本：880×1230　1/32
　　印张：9.75　　　　　　　　2017 年 4 月第 2 版
　　字数：265 千字　　　　　　2025 年 2 月河北第 32 次印刷
　　著作权合同登记号　图字：01-2009-2106号

定价：49.00元
读者服务热线：(010)84084456-6009　印装质量热线：(010)81055316
反盗版热线：(010)81055315

目　　录

从这里开始

在我十四岁时，我开始记笔记。一个数学笔记。在你认为我可悲之前，我有必要解释一下，这个笔记并不是用来记录学校里教授的数学，而是用来记录我搜集到的任何我感到有趣但又**没有**在学校教授的数学。后来我发现，这样的数学相当多，因为很快我不得不又买了一个笔记本。

好吧，**现在**你可以对我嗤之以鼻了。不过在你这样做之前，你有没有注意到这个令人悲伤的小故事里的讯息？**你在学校里学的数学并不是数学的全部。**或者换个更好的说法：**你在学校里没有学到的数学其实十分有趣。**事实上，其中很多会趣味十足，特别是当你不需要担心通过考试或者正确求和时。

我的笔记本逐渐累积到了六本之多（我现在还保留着它们），而等到我发现复印机的好处，我的数学笔记便开始填充文件柜。本书则是我的文件柜的精选，是有趣的数学游戏、谜题、故事和八卦的大杂烩。大部分内容独立成篇，所以你可以从几乎任意一处着手阅读。小部分内容则形成了一些短小的系列。我一直认为，大杂烩就该五花八门，而本书就是如此。

书中的游戏和谜题包括一些经久不衰的经典，它们一度十分流行，后来也会时不时地重新出现，而当它们重新出现时，它们往往会再次激起人们的兴致。比如跑车和山羊谜题以及十二枚硬币称重谜题都曾在媒体上引起过巨大轰动：一个在美国，一个在英国。书中还有大量材料是全新的，专为本书而设计。我努力使谜题多样化，所以书中既有逻辑谜题、几何谜题，也有数字谜题、概率谜题；既有数学文化的奇闻轶事可供一笑，也有需要实际操作和制作的问题。

知道一点数学的好处之一是可以让朋友们刮目相看。（不过我建议还是低调点好，因为你这样做也有可能会惹恼他们。）为了达到这个目的，一个很好的方法是努力跟上最新的热点。所以我在书中穿插了一些短文，用非正式、非技术性的文字解释一些在媒体上已被大肆报道的最新数学进展，比如费马大定理、四色定理、庞加莱猜想、混沌理论、分形、复杂性科学，以及彭罗斯模式。好吧，也会谈到一些尚未解决的问题，以表明数学并非已经全部**大功告成**。其中有些问题是消遣性的，有些则是严肃的，比如P=NP?问题，解决这个问题可以获得百万美元的奖金。你可能之前没有听说过这个问题，但你需要知道有这笔奖金。

此外，还有一些篇幅更短的文字会谈到许多耳熟能详却依然引人入胜的话题，比如π、质数、毕达哥拉斯定理、排列以及密铺，谈及有关它们的有趣事实和发现。而关于著名数学家的趣闻轶事则给本书添加了历史深度，并让我们有机会善意地调笑他们可爱的小缺点。

最后，尽管我的确说过，你可以从几乎任意一处着手阅读（相信我，你确实可以），但老实说，最好还是从头开始，可以依照顺序跳着阅读。毕竟前面的一些内容会对理解后面的内容有所帮助，而且前面的内容一般来说也比较简单，而后面的内容其中有些就比较……**具有挑战性**。不过我已经尽量把一些简单的内容掺杂在各处，以免你太快地耗尽脑力。

我希望通过展示数学有趣而迷人的一面来激发你的想象力。我希望你能通过阅读本书享受到乐趣，而如果本书能吸引你亲自**参与到**数学当中，体验发现带来的兴奋，并了解数学的重要发展（不管它们是来自四千年前的、上一周的，或是未来的），我更会喜出望外。

伊恩·斯图尔特
2008年1月于英国考文垂

遭遇外星人

太空船"无助号"绕着心智不健全星的轨道飞行。夸克船长和克波克大副被传送到了星球的表面。

"根据《银河大指南》的记载，这个星球上生活着两个智能的外星种族。"夸克说。

"没错，船长，分别是诚实族和说谎族。他们都讲银河语，不过根据他们回答问题的方式可以辨别他们的种族，因为诚实族总是说真话，而说谎族总是说假话。"

"但在外形上——"

"——没有区别，船长。"

夸克听到了什么声音。他转过身来，发现三个外星人正慢慢接近自己。他们看上去完全一样。

"欢迎来到心智不健全星！"一个外星人说。

"谢谢。我叫夸克。你是……"夸克停住了。"问他们叫什么没有意义，"他自言自语道，"因为就我们所知，问出的名字将是错误的。"

"这合乎逻辑，船长。"克波克说。

"鉴于我们的银河语说得不太好，"夸克随机应变道，"希望你们不介意我叫你们阿尔菲、贝蒂和杰玛。"他一边说一边依次指向那三个外星人。然后他对克波克小声说："我们也不知道他们的性别。"

"他们都是她他它性。"克波克说。

"管他什么性。阿尔菲，我问你：贝蒂属于哪个种族？"

"说谎族。"

"哦。贝蒂：阿尔菲和杰玛属于不同的种族吗？"

"不是。"

"好……他们很健谈，不是吗？嗯……杰玛：贝蒂属于哪个种族？"

"诚实族。"

夸克看似胸有成竹地点了点头。"好了，这样的话，事情就清楚了。"

"什么清楚了，船长？"

"他们分别属于哪个种族。"

"明白了。那他们分别是——？"

"我一点头绪也没有，克波克。逻辑推理难道不是你的特长吗？"

详解参见第244页。

动物点兵游戏

这是一个适合在聚会上跟儿童玩的很棒的数学游戏。每个人依次从下图中选择一种动物，然后逐个字母拼出这个动物的英文名称；与此同时，你或另外一个小孩在听到一个字母后点十角星的一个顶点——要求是，你必须从标有"RHINOCEROS"的顶点开始，并沿着每条线顺时针移动。结果很神奇，当他们念出最后一个字母时，你会点到对应的动物。

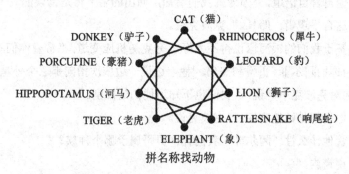

拼名称找动物

为什么会这样？其实很简单，沿线遇到的第三个词是"CAT"，有三个字母；第四个词是"LION"，有四个字母；依此类推。为了避免让人一眼看穿这个花招，位置0、1和2处的动物分别有10、11和12个字母。由于点十次后你会回到起点，所以一切正常。

为了更好地掩饰这个花招，可以使用动物的图像——在上图中，为了清晰起见，我使用了它们的名称。

奇妙的计算

你的计算器也可以表演一些把戏。

(1) 进行下面的乘法运算，你发现了什么规律？

$$1 \times 1$$

$$11 \times 11$$

$$111 \times 111$$

$$1111 \times 1111$$

$$11\,111 \times 11\,111$$

如果继续增加1的个数，这种模式还会继续吗？

(2) 输入数

$$142\,857$$

（最好存储到寄存器中），并将其分别与2、3、4、5、6和7相乘。你注意到了什么？

详解参见第244页。

纸牌三角

我有十五张牌，分别从1到15连续编号。我想把它们排列成一个三角形。我已经摆出了最上面的三张牌，如下图所示。

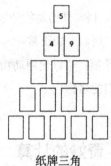

纸牌三角

我想让每张牌都是其正下方左右两张牌的差。例如，5是4与9的差。（总是用较大的数减去较少的数，以便得到的差总为正值。）显而易见，这个条件对最下面一行不适用。

最上面的三张牌已经摆好了，并且它们符合要求。你知道该如何摆放剩下的十二张牌吗？

用从1开始的连续整数，数学家已经找到分别有两行、三行或四行的、像这样的"差三角"。人们已经证明，不存在有六行或六行以上的差三角。

详解参见第245页。

正十二面体立体模型

正十二面体由十二个正五边形构成，是五种正多面体之一。

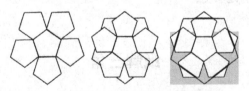

制作正十二面体立体模型的三个步骤

从一块厚纸板上剪出两个与上面左图相同的形状，直径约10厘米。

用力沿连接处折弯，使五个正五边形向下折弯。将一块纸板相对摆放到另外一块纸板的上方，如前面中图所示。用手控制住大致形状，然后用橡皮筋交替绑住上下两块纸板，如前面右图所示（粗实线表明此处橡皮筋位置在上面的纸板）。

现在松手。

如果橡皮筋的尺寸和弹力适当，那么这个小玩意将会弹开，形成一个三维的正十二面体。

正十二面体立体模型

ꙮ "割断"手指 ꙮ

下面告诉你怎么在一个人（不管这个人是你自己，还是一位志愿者）的手指上缠上一个绳圈，当绳圈一头被用力拽时，另一头会在手指上依次脱落而不是"割断"手指。这个把戏会很引人注目，因为经验告诉我们，如果绳子真的绑住了手指，那么它应该无法脱落。换句话说，设想你把五个指尖牢牢按在一个固定平面上，这样绳子无法从指尖滑落。这个把戏相当于从手指与固定平面之间的空隙中移走绳圈。如果绳圈真的通过这些空隙绑住了手指，那么根本无法移走绳子。所以必定是绳子看上去绑住了手指，但其实并没有。

如果误使绳圈绑住了手指，那么只有割断你的手指才能移走绳子了，所以一定要小心。

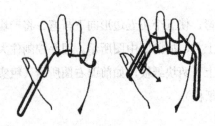

如何（避免）割断手指

为什么说它其实是个数学把戏呢？这实际上是个拓扑学问题。拓扑学是数学的一个分支，诞生于一百五十多年前，现在是数学的核心学科之一。拓扑学研究的是那些在经过打结或捆绑等剧烈变形之后依然保持不变的几何特性。例如，即使被弯曲或拉伸，结依然是结，不会被打开。

用一米长的绳子扎成一个绳圈。将一头套到左手的小指上，交叉一下，套到下一根手指上，然后顺着相同方向再交叉一下，如此继续，最后把绳圈放到大拇指后面（上面左图）。现在反着刚才的方向交叉一下绕回大拇指前面，依次套到下一根手指（上面右图）。要确保回程时绳圈交叉的方向与来程时的相反。

将大拇指弯向掌心，好让绳圈从上面脱离。最后用力拽小指处的绳圈另一头……你能听到绳子滑过指间的声音，而神奇的是，你毫发无损。

当然，除非你在某个地方扭错了绳圈的方向……

农民卖大头菜

"今年大头菜收成不错啊。"农民霍格斯维尔对邻居苏特科尔说。

"确实不错，"苏特科尔答道，"你收了多少？"

"确切数目我记不清楚了，但我记得当我把大头菜运到市场后，在第一个小时里我卖掉了全部大头菜的6/7，外加一棵大头菜的1/7。"

"把大头菜切开一定很麻烦。"

"不是这样的，我卖出的是整数棵大头菜。并没有切开。"

"好吧，听你的，霍格斯维尔。然后呢？"

"在第二个小时里我卖掉了剩下大头菜的6/7，外加一棵大头菜的1/7。然后在第三个小时里我卖掉了剩下大头菜的6/7，外加一棵大头菜的1/7。最后在第四个小时里我卖掉了剩下大头菜的6/7，外加一棵大头菜的1/7。然后我就回家了。"

"为什么？"

"因为我已经卖完了。"

霍格斯维尔运了多少棵大头菜到市场上？

详解参见第245页。

四色定理

表述起来简单的问题有时回答起来却很难。四色定理就是一个典型例子。一切开始于1852年，当时伦敦大学学院的毕业生弗朗西斯·格思里给自己的弟弟弗雷德里克写了一封信，其中提到他认为应该很简单的一道小谜题。他之前尝试过给一幅英格兰郡县地图着色，并发现使用四种颜色就可以给地图着色，使得相邻两个郡具有不同的颜色。他想知道这个事实是只适用于英格兰地图，还是具有一般性。他写道："平面上的所有地图都能使用四种（或更少）颜色着色，使得任何具有公共边界的两个区域具有不同颜色吗？"

人们花费124年时间才最终回答了他这个问题，而即使到现在，对此的证明还有赖于大量的计算机辅助。目前人们还没有发现四色定理简单的概念性证明，即可以由某个人在有生之年一步一步检验的证明。

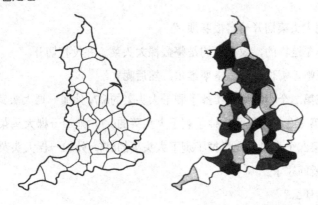

使用四种颜色着色英格兰地图，右图为诸多解决方案中的一种

弗雷德里克·格思里回答不了他哥哥的问题，不过他"知道有一个人可以"，那就是著名数学家奥古斯塔斯·德摩根。然而，很快事实证明德摩根也解决不了这个问题，因为他在同年十月写给他更著名的爱尔兰同行威廉·罗恩·哈密顿爵士的一封信中承认了这一点。

很容易证明对于一些地图，**至少需要四种颜色**，因为这些地图有四个区域，每个区域都与其他所有区域相邻。英格兰地图上有四个郡就形成了这样一种布局（下图稍作简化），这证明了在这种情况下至少需要四种颜色。你能在上面的英格兰地图中找到这四个郡吗？

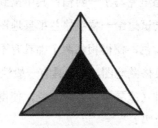

一幅需要四种颜色着色的简单地图

不过德摩根也确实取得了一些进展：他证明了不可能找到类似这样的、有**五个**区域且每个区域都与其他四个区域相邻的地图。然而，这并

没有证明四色定理。它只是证明了四色猜想不成立的最简单情况并不存在。我们可以想像，可能存在非常复杂的地图，比如有一百多个区域，由于其中某些区域与相邻区域的接壤方式，它无法只使用四种颜色着色。没有理由假定这样"坏的"地图只有五个区域。

这个问题首次在出版物中被提到是在1878年，当时《伦敦数学学会会刊》记载了阿瑟·凯莱曾在学会的一次聚会上询问是否有人已经解决了这个问题。可惜还没有，但随后在第二年，艾尔弗雷德·布雷·肯普发表了一个证明，似乎解决了这个难题。

肯普的证明很巧妙。首先他证明了任何地图都至少有一个区域与五个或以下的其他区域相邻。如果某个区域有三个相邻区域，则可以把这个区域缩成一点，得到一幅简化的地图，而如果这幅简化的地图可以使用四种颜色着色，则原来的地图也同样可以。你只需恢复这个被缩成点的区域，并着上与其三个相邻区域不同的颜色。对于如何处理有四个或五个邻居的区域，肯普给出了一个更精妙的方法。有了这个方法之后，接下来证明就显而易见了：找到一个有五个或以下邻居的区域，将这个区域缩成一点；对得到的简化地图重复这个过程，直到只剩下一个区域；对剩下这个区域用任意一种颜色着色；然后逆向执行刚才的过程，逐个恢复被缩成点的区域，并着上任意一种可用的颜色，直到原来的地图都用四种颜色着色。简单极了！

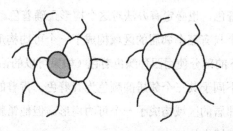

如果右图可以使用四种颜色着色，则左图也同样可以

这简直完美得不像是真的——事实也的确如此。1890年，珀西·约翰·希伍德发现肯普的方法并不总是有效的。如果你把有五个邻居的区域缩成一点，然后试图恢复它，你会在这个过程中遇到致命问题。1891年，彼得·格思里·泰特认为自己修补了这个错误，但之后朱利叶斯·彼得森在泰特的方法中也发现了错误。

尽管无法修补肯普的错误，但希伍德还是注意到，可以借助肯普的方法来证明"五色定理"：平面上的任何地图都可以用至多五种颜色着色。然而，又没人能找出一张**需要**四种以上颜色的地图。这个缺口让人着迷，但很快它就让数学家感到难堪。当你知道一个数学问题的答案要么是4要么是5时，显然你应该能够判断哪个是正确的答案。

但是……没人能够。

在这之后，问题有了局部进展。1922年，菲利普·富兰克林证明，使用四种颜色可以着色有25个或更少区域的所有地图。这个结果本身不算太大的进展，但通过引入**可约构形**（reducible configuration）的概念，富兰克林的方法为最终解决该问题铺平了道路。构形是指地图上任何相连的区域组，外加一些有多少区域与构形中的区域相邻的信息。给定某个构形，你可以从地图上移除它，得到一个简化的、有更少区域的地图。而如果简化的地图可以使用四种颜色着色，从而原来的地图也可以使用四种颜色着色，则这个构形是可约的。也就是说，一旦其他所有区域都已用四种颜色着色，也必定有办法对这个构形正确着色。

比如，一个只有三个邻居的区域构成了一个可约构形。移除这个可约构形，对剩下的部分使用四种颜色着色（如果可以的话）。然后恢复该区域，并使用不同于其三个邻居的颜色为其着色。肯普的失败证明确认了一个有四个邻居的区域构成了一个可约构形。但他错就错在认为一个有五个邻居的区域也是如此。

富兰克林发现，在那些单个区域的构形是不可约的情形中，包含多个区域的构形有时却是可约的。事实上，很多多区域的构形都是可约的。

要是所有有五个邻居的区域都是可约的，肯普的证明就该成功了，而其成功的原因可以给我们启发。简单说，肯普认为自己已经证明了两件事。其一，任何地图都包含至少一个有三个、四个或五个邻居的区域；其二，相应的每个构形都是可约的。而这两个事实结合起来就意味着**所有地图都包含至少一个可约构形**。具体来说，当你移除一个可约构形后，得到的简化地图也包含至少一个可约构形。移除该构形后，又会出现同样的情况。这样一步一步移除可约构形，直到结果简单到最多只有四个区域。这时随便你怎样为它们着色，最多只需四种颜色。然后恢复之前移除的构形。由于移除的构形是可约的，所以恢复的地图也可用四种颜色着色。反复重复这个步骤，最终原来的地图也可用四种颜色着色。

这个论证之所以成立，是因为**所有地图都至少包含上述可约构形之一**：它们构成了一个**不可避免集**（unavoidable set）。

而肯普的尝试之所以失败，也正是因为他的构形之一（一个有五个邻居的区域）是不可约的。但富兰克林的进展告诉我们：不必担心，不妨尝试更大的不可避免集，收录大量复杂得多的构形。移除那个不可约的构形，而代之以多个有两个或三个区域的构形。不可避免集可以大到直到满足你的要求。如果你能找到**某个**可约构形的不可避免集，不管它有多大、多复杂，那你就成功了。

事实上（最终证明也是这样做的），你可以转而寻找弱一点的不可避免性，只关注**最小反例**（minimal criminal）：一些假想的、需要五种颜色着色的地图，而任何比它们更小的地图都只需四种颜色着色。这个策略可以使证明给定一个集合是不可避免的变得简单。不无反讽的是，一旦四色猜想被证明成立，这恰好说明最小反例并不存在。不过没有关系：这正是我们想要的。

1950年，海因里希·黑施提出，他相信可以通过找到一个可约构形的不可避免集来证明四色定理。唯一的困难在于怎样找到这样一个集合，而这并不容易，因为根据某些经验计算，这样一个集合可能包含约一万个构形。

进入20世纪70年代，利用黑施发明的一种证明构形是否可约的巧妙方法，沃尔夫冈·哈肯开始感到一个计算机辅助证明已经触手可及。应该可以编写一个计算机程序，验证某个设想的集合中的每个构形都是可约的。如果真有必要，可以把成千上万的构形一个个写出来。而证明它们是不可避免的，尽管很耗费时间，却也不是完全不可能。不过使用当时的计算机，处理包含一万个构形的不可避免集大概需要一个世纪的时间。现代计算机只需几小时就可以完成这项工作，但哈肯当时只能利用现有的工具，这意味着他需要改进理论方法，将计算压缩到可行的规模。

在肯尼思·阿佩尔的帮助下，哈肯开始与计算机进行"对话"。他会想出对解决问题可能有用的新方法，然后计算机会执行大量计算，告诉他这些方法是否有可能成功。到1975年，不可避免集的规模被缩减到了两千，而两人也找出了测试可约性的快得多的方法。现在看上去人机合作很有希望解决问题。1976年，阿佩尔和哈肯开始进入最后一个阶段：找出一个适合的不可避免集。他们会告诉计算机自己想要的是什么样的集合，然后计算机会测试每个构形，看其是否可约。如果构形没有通过测试，那就移除该构形，而代之以一个或多个替代的构形，然后重复进行测试。这是一个细致的过程，并且没人能保证它一定会终止——但如果它确实终止了，他们就找到了一个可约构形的不可避免集。

1976年6月，这个测试过程终止了。计算机报告，当前的构形集合（在这个阶段共包含1936个构形，后来他们把这个数目缩减到了1405个）是不可避免的，并且其中每个构形都是可约的。证明完成。

在当时，整个计算花了大约一千个小时，而可约性测试涉及487条不同的规则。现如今，由于有了运行速度更快的计算机，我们可以在一小时内重复整个过程。其他数学家已经找到了更小的不可避免集，并改进了可约性测试。但还没有人能够将不可避免集缩小到无需辅助、人工就能检验的地步。而即使有人做到了这一点，这种类型的证明也不算是一个非常令人满意的、能够解释定理为什么会成立的证明。毕竟它说的只是"经过大量计算，最终结果是对的"。计算很巧妙，其中也包含一些不错的想法，但大多数数学家还是想更深入了解里面到底发生了什么。一个可能的方法是为地图创造某种类似"曲率"的概念，并把可约性解释为某种"摊平"过程。但还没有人能找到合适的方法来做到这一点。

尽管如此，现在我们知道四色定理是正确的，终于可以回答弗朗西斯·格思里提出的看似简单的问题。即使它有赖于计算机的一点帮助，这仍然是个了不起的成就。

详解参见第246页。

长毛狗故事

勇敢的兰彻洛特爵士正穿行在陌生的土地上。突然间，电闪雷鸣，大雨倾盆。担心铠甲淋雨生锈，他便前往最近的能避雨的地方——埃塞尔弗雷德公爵的城堡。到达之后，他发现公爵夫人金洁贝儿正在悲伤地哭泣。

兰彻洛特喜欢有魅力的年轻女士，在某个瞬间，透过眼泪，他注意到金洁贝儿独特的目光。他也注意到埃塞尔弗雷德又老又虚弱……他发誓，只有一件事将阻止他与这位女士幽会——世界上只有这件事他无论如何都无法忍受。

那就是双关语。

在进见过公爵之后，兰彻洛特问金洁贝儿为何如此悲伤。

"我的叔叔埃尔帕斯勋爵昨天去世了。"她解释道。

"请允许我致以最真挚的哀悼。"兰彻洛特说。

"我这么……这么悲伤的原因倒不全是为此,"金洁贝儿答道,"我的堂兄弟戈德、埃文和利德尔不能履行我叔叔的遗嘱,这让我很难过。"

"为什么不能呢?"

"好像是埃尔帕斯勋爵把家里的全部财产投资在了一种稀有的巨型骑乘用犬上。他拥有十七条这样的狗。"

兰彻洛特从没有听说过还有骑乘用犬,但他不希望在这样一位仪态优雅的女士面前暴露自己的无知。不过这个担心完全没有必要,因为她接着说:"虽然我听到过不少关于这些动物的事情,但我自己从来没有亲眼见过。"

"它们不适合淑女观看。"一旁的埃塞尔弗雷德坚定地说。

"至于遗嘱——"兰彻洛特问道,试图把话题从这上面转开。

"哦。埃尔帕斯勋爵把所有一切都留给他的三个儿子。他在遗嘱中吩咐,戈德应当获得狗的一半,埃文获得三分之一,而利德尔获得九分之一。"

"嗯。是有点麻烦。"

"狗终究不能杀死再分啊,好骑士(good knight)。"

以为她打双关语道了晚安(good night),兰彻洛特顿时感到有点不适,但他还是告诉自己,这只是她的无心之言,并不是故作幽默。

"嗯——"兰彻洛特刚准备说。

"呵,这个问题与不远处那座山一样古老!"埃塞尔弗雷德不屑地说道,"只需从我们自己的骑乘用犬中送一条过去,然后他们就有了十八条那该死的东西了!"

"是的,我的丈夫,我懂得这里的数秘术,但——"

"这样大儿子得到狗的一半,即九条;二儿子得到三分之一,即六条;小儿子得到九分之一,即两条。加起来总共十七条,然后就可以把我们的狗送回来！"

"是的，我的丈夫，但我们这里没有人强壮得敢骑这种狗。"

兰彻洛特赶紧抓住机会。"大人，我可以把您的狗骑过去！"金洁贝儿赞赏的目光让他明白自己勇敢的表示是多么英明。

"很好，"埃塞尔弗雷德说，"我会叫驯犬员把狗带到庭院里。我们现在先过去。"

雨仍在下，所以他们就在拱门里等着。当驯犬员把狗带到庭院里时，兰彻洛特惊掉了下巴，差点连头盔都戴不住。这种狗的体型是大象的两倍，皮厚而有斑纹，爪子就像腰刀，血红的眼睛有兰彻洛特的盾牌那么大，垂下的耳朵耷拉到了地上，尾巴则与猪类似，只是拧成了麻花状，还满是尖尖的刺。雨水顺着它湿漉漉的皮毛往下流淌，就像是层叠的瀑布。大狗浑身散发出难以形容的气味。

在它背上则不可思议地装着一套鞍具。

见到这个恐怖的怪物，金洁贝儿似乎比他还要吃惊。不过，兰彻洛特没有被吓倒。没有什么能使他胆怯，没有什么能阻止他与这位女士幽会，一旦遗嘱执行完毕，他骑着这条巨型狗回来。除非……

好吧，实际情况是，兰彻洛特爵士并没有骑着怪狗前往埃尔帕斯勋爵的城堡，而据他所知，遗嘱至今仍未执行。恰恰相反，他深感到自己被冒犯，便随即跳上马，愤怒地消失在风雨交加的暗夜中，留下金洁贝儿独自承受单相思之苦。

而这一切不是因为埃塞尔弗雷德那个危险的算法，只是因为金洁贝儿故意让他听到的说给丈夫的一句悄悄话。

她到底说了什么？

详解参见第246页。

长毛猫故事

没有猫有八条尾巴。

+ 一只猫有一条尾巴。
_____

一只猫有九条尾巴。

帽中兔子

魔术师伟大的胡杜尼把礼帽放到桌子上。

"这项帽子里有两只兔子，"他大声说，"每只要么是白色（W）的，要么是黑色（B）的，两者概率相等。现在，在我可爱的助手格鲁佩丽娜的帮助下，我将向大家演示，我不用往帽子里看就能推断出兔子的颜色。"

他转向助手，从她的演出服中掏出一只黑兔。"请把这只兔子放进帽子里。"她照做了。

把兔子放到帽子里，推断里面原来有什么

胡杜尼现在转向观众。"在格鲁佩丽娜把第三只兔子放进帽子里之前，有四种概率相等的兔子组合。"他在一块小黑板上写下了一个列表：BB、BW、WB和WW。"每种组合的可能性相等，所以概率均为1/4。

"但之后我向帽子里加入了一只黑兔。这样可能性分别为BBB、BBW、BWB和BWW。同样地，每种组合的概率仍为1/4。

"假设（我不会真的去做，只是做个假设）我从帽子里取出一只兔子，这只兔子是黑色的概率是多少？如果兔子组合为BBB，则这个概率为1。如果是BBW或BWB，则概率是2/3。如果是BWW，则概率是1/3。所以取出一只黑兔的总概率为

$$\frac{1}{4} \times 1 + \frac{1}{4} \times \frac{2}{3} + \frac{1}{4} \times \frac{2}{3} + \frac{1}{4} \times \frac{1}{3}$$

结果正好为2/3。

"但是，如果帽子中有三只兔子，其中r只为黑色，其余为白色，那么取出黑兔的概率为r/3。所以这里r=2，于是帽子里有两只黑兔。"他把手伸向帽子，取出了一只黑兔。"由于这只黑兔是我后来放进去的，所以原来的一对兔子一定是一黑一白！"

伟大的胡杜尼弯腰向观众热烈的掌声表示感谢。然后他从帽子里取出了两只兔子——一只是淡紫色，另外一只则是鲜艳的粉红色。

似乎很明显，单靠推断，你无法知道帽子里有什么。而加入一只兔子然后把它取出（至于它是否是同一只黑兔子，这重要吗？）也不过是一种转移注意的巧妙办法。但为什么这样计算是错误的？

详解参见第247页。

꧁ **过河问题 1——农产品** ꧂

诺森布里亚的阿尔昆（Alcuin），又名弗拉库斯·阿尔比努斯·阿尔昆努斯或埃尔温，是一位学者、牧师和诗人。他生活在八世纪，最终成为查理曼宫廷的显贵。在写给皇帝的一封信中，他附上一道谜题，作为"算术的精妙"的一个例子。这个问题到现在仍有数学意义，对此我会在解答中解释。问题大致如下。

一位农民带着一头狼、一只山羊和一篮圆白菜去赶集。他遇到一条

河，河边有一条小船。他一次只能把一样东西带到船上。狼和羊不能留在一起，同样羊和圆白菜也不能放在一块，原因很明显。还好，狼不喜欢吃圆白菜。农民怎样才能把这三样东西都带过河呢？

详解参见第248页。

更多奇妙的计算

下面几个基于计算器的把戏是同一基本主题的不同变体。

(1) 输入一个三位数，比如471。重复该数，得到471 471。现在将该数除以7，将得到的结果除以11，然后再将结果除以13。我们得到

$$471\ 471/7=67\ 353$$
$$67\ 353/11=6123$$
$$6123/13=471$$

也就是最初输入的数。

尝试其他的三位数，你会发现仍将得到同样的结果。

然而，数学不仅仅是关于注意到奇妙的事情，找出这些事情**为什么**会发生也很重要。在这里，通过逆向执行整个计算，我们就能找出其中的原因。除法的逆运算是乘法，所以逆向过程从三位数的结果471开始：

$$471×13=6123$$
$$6123×11=67\ 353$$
$$67\ 353×7=471\ 471$$

现在这样子似乎看不出什么……但换种写法说不定就会泄露天机：

$$471×13×11×7=471\ 471$$

看看13×11×7的结果是多少可能是个好主意。拿出计算器算一下。你注意到了什么？它能解释这个把戏吗？

(2) 数学家喜欢做的另一件事是"一般化"。也就是说，他们试图找

到其他以类似方式运作的东西。假设我们从一个四位数4715开始。我们要把它乘以多少才能得到47 154 715？能够通过将它乘以一系列较小的数来达到这个目的吗？先从将47 154 715除以4715开始吧。

(3) 如果你的计算器的显示位数可以达到十位（现在大多数计算器都能做到），那么用五位数来玩这个把戏会出现什么结果？

(4) 如果你的计算器至少能显示十二位，那么回到三位数，仍以471为例。这次不是将它乘以7、11和13，而是试着将它乘以7、11、13、101和9901。会发生什么情况？又是为什么？

(5) 想出一个三位数，比如128。现在将它乘以3、3、3、7、11、13和37。（没错，乘以3三次。）结果是127 999 872——没有什么特别的。所以要加上原来你想出的三位数128。现在你得到了什么？

详解参见第249页。

取出樱桃

下面这道谜题是道经典老题，答案虽然简单却不易想到。

一颗鸡尾酒樱桃位于用四根火柴搭成的玻璃杯里。要求最多移动两根火柴，把樱桃移到玻璃杯外。你可以把玻璃杯侧放或倒置，但必须维持杯子的形状。

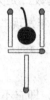

移动两根火柴，取出樱桃

详解参见第250页。

折出正五边形

有一条长条矩形纸带，要求利用这条纸带折出一个正五边形（五条边长度相等，五个角大小相等）。

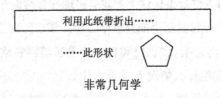

非常几何学

详解参见第250页。

π是什么？

π是直径为1的圆的周长，其近似值为3.141 59。更一般而言，直径为d的圆的周长为πd。π的简单近似值为$3\frac{1}{7}$或22/7，但此值精度不高。$3\frac{1}{7}$约等于3.142 85，小数点后第三位就不对了。更接近的近似值为355/113，它的七位小数值为3.141 592 9，而π的七位小数值为3.141 592 6。

我们如何知道π不能用分数准确表示呢？无论使用多大的数来持续改进近似值x/y，你都无法得到π本身，只能得到越来越接近的近似值。不能用分数准确表示的数称为**无理数**。π是无理数的最简单证明需要用到微积分，是由约翰·兰贝特在1770年发现的。虽然我们无法写出π的准确数值表示，但我们可以写出准确定义π的各种公式，而兰贝特的证明就用到了其中之一。

更特别的是，π是个**超越数**，即它不是任何有理系数代数方程的根。这由费迪南德·林德曼在1882年证明，也用的是微积分。

π是超越数这一事实暗示经典的尺规作图问题"化圆为方"不可能实现。这个问题要求利用直尺和圆规构造一个正方形,使得它的面积等于给定圆的面积(这也等价于构造一条线段,使得它的长度等于该圆的周长)。需要注意的是,这里的尺规是抽象意义上的,没有刻度、无限长或可展开至无限宽。

᚛ᚌᚍ **立法规定 π 的值** ᚌᚍᚋ

有一个迷思流传甚广,说印第安纳州(也有人说是艾奥瓦州,还有人说是爱达荷州)的立法机构曾通过一条法律,规定π的正确值是⋯⋯有时人们说是3,有时又说是$3\frac{1}{6}$。

但不管怎样,这个迷思是谬传。

不过,这样可笑的事情差一点就发生了。法案规定的π的值不是很清楚:相关文献似乎暗示了至少九个不同的值,但没有一个是正确的。所幸法案未能正式成为法律:它被"无限期搁置",并且显然现在仍然如此。这就是1897年印第安纳州众议会第246号法案,它承诺让印第安纳州免费使用一条"新的数学真理"。法案在当时**通过**了(没有理由不通过,因为它没有要求印第安纳州做任何事。事实上,法案是全票通过的)。

这里所谓的"新的数学真理"是一次相当复杂但不正确的尝试,它试图解决"化圆为方"问题,也就是说,利用尺规构造π。印第安纳波利斯的一家报纸便发表一篇文章,指出化圆为方是不可能的。而当法案被提交至参议院确认时,政客们(尽管他们大部分对π一无所知)也已经意识到这里面困难重重。(印第安纳州科学院的C.A. 瓦尔多教授的努力很有可能坚定了他们的心理,这位数学家恰巧在法案辩论时来到众议院商讨科学院的拨款事宜。)他们并没有辩论相关数学的正确性,而是认为这件事不好由立法机构定义。因此，他们决定将这一法案搁置……在我写作本书时，也就是111年后，它仍处于搁置状态。

议案提到的数学几乎可以断定是医生兼业余数学家埃德温·J. 古德温的心血。古德温生活在印第安纳州波西县的索利蒂德村（Solitude），并曾多次声称已经能够三等分角、倍立方体（另外两道著名的、同样不可能实现的尺规作图问题）以及化圆为方。不管怎样，印第安纳州的立法机构并没有**有意识地**试图通过法律赋予π一个不正确的值，尽管也有一种不无说服力的观点认为，通过法案只是将古德温的方法"定为法律"——也就是说，它在法律上是准确的，尽管可能在数学上不准确。这是个巧妙的法学观点。

要是他们当初通过了这一法案……

要是印第安纳州立法机构当初通过了第246号法案，并且要是最糟糕的情形，即π在法律上的值不同于它在数学上的值，被证明在法律上成立，结果可能会相当有意思。假设合法的值$p \neq \pi$，但法律规定$p = \pi$，则在数学上

$$(p-\pi)/(p-\pi)=1,$$

但在法律上

$$(p-\pi)/(p-\pi)=0.$$

由于数学上的真理显然在法律上也成立，所以这里法律说的是1=0。这样所有杀人犯就有了一个万无一失的脱罪策略：承认自己犯过一桩罪，然后诡辩道在法律上这等于零桩罪，即无罪。不仅如此，将1=0两边分别乘以十亿，就可以推出十亿等于零。这样任何没有被搜出毒品的嫌犯都相当于携带了价值十亿美元的毒品。

事实上，任何诸如此类的陈述都可以在法律上被证明成立。

可能大家会说，现实中法律应该会具有足够的逻辑性，使得诸如此类论证在法庭上根本立不住脚。但事实上，一些比这更愚蠢的法律论证（往往是基于对统计学的误用和滥用）就在法庭上被接受了，并导致许多无辜的人被长时间羁押。所以印第安纳州的立法者可能已经打开了潘多拉魔盒。

空玻璃杯

五个玻璃杯排成一排。前三个是满的，后两个是空的。如何仅移动一个玻璃杯，使得空杯与满杯交错排列？

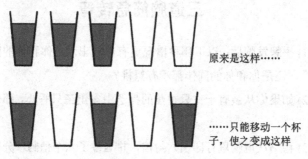

原来是这样……

……只能移动一个杯子，使之变成这样

详解参见第251页。

有多少……

……重新排列英文字母表的方式？

403 291 461 126 605 635 584 000 000

……重新排列一副牌的方式？

　　80 658 175 170 943 878 571 660 636 856 403 766

　　975 289 505 440 883 277 824 000 000 000 000

……三阶魔方不同的可能组合状态？

　　43 252 003 274 489 856 000

……数独不同的可能题目？

　　6 670 903 752 021 072 936 960

它由伯特伦·费尔根豪尔和弗雷泽·贾维斯在2005年算得。

……由总共一百个0和1构成的不同的序列？

　　1 267 650 600 228 229 401 496 703 205 376

三道脑筋急转弯

(1) 桥牌发牌后，以下哪种情况更有可能出现：你和你的同伴持有所有黑桃，还是你和你的同伴都没有黑桃？

(2) 如果你从装有十三只香蕉的盘子中拿走三只香蕉，那你还有几只香蕉？

(3) 秘书从电脑里打印出六封信，并准备了六个信封，分别写好收信人的地址。她的老板匆忙中随机把这六封信塞进了六个信封。请问恰好有五封信装对了信封的概率有多大？

详解参见第251页。

骑士巡游

国际象棋中马（骑士）的走法很特别：先横向或竖向走两格，再往左或往右走一格，并跳过路上的其他棋子。马的"L"形走法引出了很多数学趣题，其中最简单的是"骑士巡游"。马要求进行一系列移动，使得它恰好访问国际象棋棋盘（或任何其他大小的棋盘）的每格各一次。下图表示在一个5×5棋盘上的"巡游"，并显示了一条可能的路线。这条路线不是"闭合的"，即马的起点和终点不在同一个格。你能在5×5棋盘上找出一条闭合的巡游路线吗？

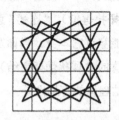 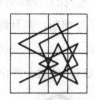

左图：一条5×5骑士巡游路线；右图：一条不完整的4×4骑士巡游路线

我曾尝试寻找4×4骑士巡游路线，但在访问过13个格后走不下去了。你能找到访问所有16个格的骑士巡游路线吗？如果不能，马最多能访问多少个格？

关于这个主题有很多参考文献。也可参见网站：

http://mathworld.wolfram.com/KnightGraph.html

详解参见第251页。

纽结理论

数学上的纽结有点像一段绳子上普通的结，只不过这段绳子的末端要粘在一起，从而这个结不能解开。更确切地说，纽结是空间中的闭环。这种环最简单的例子是圆，也被称为平凡纽结或不打结纽结。比这稍微复杂一点的是三叶纽结。

平凡纽结和三叶纽结

如果一个纽结可以通过连续变换变成另一个纽结，那么数学家认为这两个纽结是"相同的"（数学术语叫**拓扑等价**）。"连续"意味着必须保持绳子完整，不能剪断，并且绳子不能穿过它本身。当你发现一种看上去很复杂的纽结（比如沃尔夫冈·哈肯的戈耳狄俄斯之结）其实只是平凡纽结伪装而成时，你就会意识到纽结理论的有趣之处。

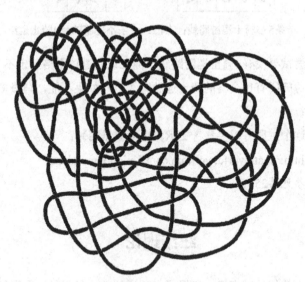

哈肯的戈耳狄俄斯之结

三叶纽结是名副其实打了结，它无法解开。对这一显而易见的事实的首个证明出现在20世纪20年代。

纽结可以按其复杂性进行排列。复杂性的度量是**交叉数**,即当你用尽可能少的交叉来画出纽结的图示时,图上交叉的数目。三叶纽结的交叉数为3。

拓扑不等价的纽结的数目会随着交叉数的增加而快速增多。交叉数为3到16时,对应的纽结的数目为:

交叉数:	3	4	5	6	7	8	9	10
纽结数:	1	1	2	3	7	21	49	165

交叉数:	11	12	13	14	15		16	
纽结数:	552	2176	9988	46 972	253 293		1 388 705	

[如果还想了解更多,这些数目是指**素型纽结**(即不能变换成两个首尾相连的单独纽结)的数目,并且忽略镜像的情况。]

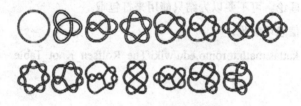

交叉数小于或等于7的纽结

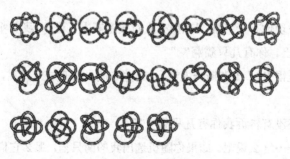

交叉数为8的纽结

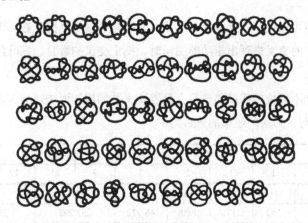

交叉数为9的纽结

分子生物学利用纽结理论来理解DNA中的结，此外量子物理中也用到了纽结理论。可不要以为结只能用来打包哦。

更多信息可参见：

katlas.math.toronto.edu/wiki/The_Rolfsen_Knot_Table

∽ 白尾巴猫 ∾

"我发现你有一只猫，"琼斯夫人对史密斯夫人说，"我着实喜欢它可爱的白尾巴！你有几只猫啊？"

"不是很多，"史密斯夫人说，"隔壁布朗夫人有二十只猫，比我多多了。"

"你还没有告诉我你有几只猫呢！"

"嗯……这么说吧。如果你随机选出我的两只猫，那么它们都有白尾巴的概率恰好是百分之五十。"

"可你还是没有告诉我你有几只猫！"

"我已经告诉你了啊。"

史密斯夫人有几只猫？其中几只有白尾巴？

详解参见第252页。

❧❧ **找出假硬币** ❧❧

2003年2月，住在格雷夫森德的哈罗德·霍普伍德给《每日电讯报》写了一份短信，说自己从1937年起每天都会做该报上的谜题，但有一道谜题从上学时候起就一直在脑子里挥之不去，现在自己已达82岁高龄，只好决定寻求一些帮助。

这道谜题是这样的。有12枚硬币，除了其中一枚比其他硬币稍轻或稍重，其余硬币都一样重。要求找出哪一枚硬币与众不同，但不管它比其他硬币稍轻还是稍重，最多只能用天平称量三次。并且这种天平没有刻度，只有两个托盘，所以只能判断是两边一样重，还是一边重一边轻。

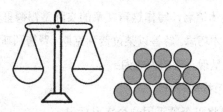

只有一枚硬币比其他硬币稍轻或稍重：称量三次，找出这枚硬币

在继续阅读之前，你应当先尝试做一下。这会令人相当上瘾。

在数天内，这家报社的读者接待部收到了关于这道谜题的362封来信和一些电话，几乎都是来问解答的。他们便打电话给我。我认出这是一类经典谜题，即"天平称重"问题，但我不记得解答了。在我接电话时，我的朋友马蒂正好也在，他也认出了这个问题。他在青少年时也为这道题困惑过，而它的成功解决最终促使他成为一名数学家。

当然，他也记不得具体解答了，但我们还是想出一种称量比较各种硬币组合的方法，并传真给了报社。

事实上，这道谜题有很多解答，包括一种非常巧妙的方法（直到报纸刊出我们没那么优雅的解答的当天，我终于记起了这种办法）。我二十年前在《新科学家》杂志上看到过这种方法，并且它后来被收录进托马斯·H.奥贝恩的《谜题与悖论》一书中，而这书就在我的书架上。

类似这样的谜题似乎每二十年就会出现一次，大概是新一代人重新发现了它们，这有点像当人群失去所有免疫力时，流行病就会再次暴发。奥贝恩将这道谜题追溯至1945年的霍华德·格罗斯曼，但几乎可以确定它最早出现的时间比这早得多，可能要追溯至17世纪。就算哪天我们在古巴比伦的楔形文字泥板上发现这道题，我也丝毫不会感到惊讶。

奥贝恩提供了一种"决策树"解答，这也是马蒂和我提出的方法。他也提到了1950年"布兰奇·笛卡儿"在《尤里卡》（剑桥大学的本科生数学社团"阿基米德会"的会刊）上发表的一种优雅解答。"布兰奇·笛卡儿"是一个集体笔名，写作这篇文章的实际是锡德里克·史密斯，而他的解答实属天才巧思。解答以某位费利克斯·费德利斯迪克思教授写的一首诗的形式来呈现，诗的大意为：

F将硬币排成一行，

用粉笔将每个硬币用一个字母标记，

使之组成这么一句话：F. AM NOT LICKED.

（他脑中突然冒出一个主意。）

现在他将吩咐他的母亲：

MA! DO   LIKE

ME, TO   FIND

FAKE   COIN!

这首诗暗含了一个通过三次称量（每次一边放四枚硬币）解决问题的解答，《尤里卡》还给出了解释（同样以诗的形式给出）。下面我列出了三次称量的所有可能结果，并且区分了假硬币是稍重还是稍轻的情况，其中L指左边的托盘下沉，R指右边的托盘下沉，而—指两边一样重。

假硬币	第一次称量	第二次称量	第三次称量
F重	—	R	L
F轻	—	L	R
A重	L	—	L
A轻	R	—	R
M重	L	L	—
M轻	R	R	—
N重	—	R	R
N轻	—	L	L
O重	L	L	R
O轻	R	R	L
T重	—	L	—
T轻	—	R	—
L重	L	—	—
L轻	R	—	—
I重	R	R	R
I轻	L	L	L
C重	—	—	R
C轻	—	—	L
K重	R	—	L
K轻	L	—	R
E重	R	L	L
E轻	L	R	R
D重	L	R	—
D轻	R	L	—

从上表中你可以发现，没有哪种情况会给出相同的称量结果。

但事情并没有随着《每日电讯报》公布了一个有效的解答而结束。有些人写信质疑我们的解答,虽然质疑都难以成立。有些人来信试图改进我们的解答,虽然改进并不总能如愿。有些人发电子邮件指出布兰奇·笛卡儿的或其他类似的解答。有些人告诉我们其他称重谜题。有些人感谢我们让疑团得以解开。还有些人则埋怨我们揭了旧伤疤。这就仿佛是某个巨大的、隐秘的民众智慧水库突然溃坝,一时间洪流喷涌而出。一位来信者记起这道谜题在20世纪60年代BBC的节目中出现过,并且解答在第二天晚上给出。心有不甘地,这封信接着写道:"我不记得它最初是在什么场合下被提出来的,也不记得那是否是我与它的初次相识;**我感觉并不是。**"

双方块日历

1957年,约翰·辛格尔顿申请了一项新型台历专利(用两个方块显示从01到31的任何日期),但他后来让这项专利在1965年失效了。每个方块上有六个数字,每面一个。

两个方块构成的台历及两个示例

上图显示了这样的台历如何显示一个月份中的第5天和第25天。我有意不写出其他面的数字。你可以将任何一个面放到正面,也可以调换灰色方块和白色方块的次序。

请问这两个方块上的数字分别是什么?

详解参见第252页。

∝∽ **数学笑话 1**[*] ∽∝

一名生物学家、一名统计学家和一名数学家坐在一家咖啡馆外看着人来人往。一个男人和一个女人进入街对面的一幢大楼。十分钟后,他们出来,身边带了个孩子。

生物学家说:"他们繁殖了。"

统计学家说:"不对,这是个观测误差。平均来说,进出各两个半人。"

数学家说:"不,不,不,这显而易见。如果现在再进去一个人,这幢大楼就再次为空了。"

∝∽ **作弊的骰子** ∽∝

一对淘气的双胞胎,弟弟数学盲和姐姐怕数学百无聊赖。

姐姐兴奋地说:"要不,我们来玩骰子吧!"

"不喜欢玩骰子。"

"不过这些骰子很特别。"姐姐一边说,一边从一个旧巧克力盒子里把骰子翻了出来。一个红色的,一个黄色的,还有一个蓝色的。

弟弟拿起红色骰子。"这个有点意思,"他说,"它有两个3、两个4和两个8。"

"它们都是这样的,"姐姐轻描淡写地说,"黄色的有两个1、两个5和两个9,而蓝色的有两个2、两个6和两个7。"

"它们看上去很容易作弊。"弟弟不禁怀疑起来。

"不,它们相当公平。每一面朝上的机会是相等的。"

---

[*] 这些笑话的主要目的不是逗你笑,而是为了向你展示什么能逗**数学家**笑,让你一窥数学家亚文化的隐秘一角。

"那么怎么玩呢？"

"我们每人选一个不同的骰子。然后我们同时掷，数大的赢。我们来赌零用钱。"姐姐说。弟弟似乎还有点怀疑，因此姐姐赶紧加上一句："为了公平起见，我会让你先选！这样你就可以选最好的骰子。"

"这……"弟弟仍旧迟疑不决。

他应该玩这个游戏吗？如果不应该玩，为什么？

详解参见第252页。

一道古老的年龄问题

美味皇帝生于公元前35年，崩于公元35年他生日那天。他去世时享年多少岁？

详解参见第254页。

为什么负负得正？

当我们初次接触负数时，老师就告诉我们两个负数相乘得到一个正数，比如$(-2)\times(-3)=+6$。而这常常会引发困惑。

为此，首先要理解的一点是，从正数算术的常规来看，我们可以自由地将$(-2)\times(-3)$定义为等于任何值。如果我们愿意，它可以等于-99或127π。所以这里的主要问题不是它真正的值是什么，而是它合理的值是什么。而几条不同的思路都得出了同一个结果，即$(-2)\times(-3)=+6$。我在这里加上$+$号是为了强调。

但**为什么**这是合理的值呢？我喜欢将负数阐释为债务。如果我的银行账户里有–3英镑，这表示我欠银行3英镑。假设将我的债务乘以2（正数），那么它肯定会变成负债6英镑。因此，认为$(+2)×(-3)=-6$是说得通的，我们大部分人也很容易接受这一点。然而，$(-2)×(-3)$应该等于多少呢？好吧，如果银行大发慈悲注销我两个3英镑的债务，那我就多出了6英镑——我的账户变化恰好相当于我存了+6英镑。所以以银行业为例，我们希望$(-2)×(-3)=+6$。

其次，我们不能让$(+2)×(-3)$和$(-2)×(-3)$都等于+6。要真是这样，那么消去–3，我们就会得到$+2=-2$，而这显然是愚蠢的。

再次，首先需要指出上一个论证中隐含一个未阐明的预设，即常规的算术运算法则对于负数应该也适用。进而可以指出，这是我们值得追求的合理的目标，即使只是为了数学的优雅。而如果我们要求常规运算法则对于负数也适用，则

$$(+2)×(-3)+(-2)×(-3)=(+2-2)×(-3)=0×(-3)=0.$$

因此，

$$-6+(-2)×(-3)=0.$$

在等式两边分别加上6，我们发现

$$(-2)×(-3)=+6.$$

事实上，类似的论证也能证明$(+2)×(-3)=-6$。

综上所述，数学的优雅要求我们**定义**负负得正。而在一些应用，比如在金融中，这种选择也能很好地与现实相符。所以它不仅能保持算术简单，也能帮助我们得到一个关于现实世界的许多重要方面的良好模型。

我们也可以不这么定义。但那样会导致算术变复杂，并降低其实用性。基本上，这一定义并没有得到多少挑战。但即便如此，"负负得正"仍然是人类的一个约定，而不是大自然一个不可避免的事实。

白鹭装

没有哪只穿白鹭装的猫不爱交际。

没有哪只没尾巴的猫会与大猩猩玩。

长胡须的猫总是穿白鹭装。

没有哪只爱交际的猫有磨爪。

没有哪只猫有尾巴，除非它们也长胡须。

因此，没有哪只有磨爪的猫会与大猩猩玩。

这段推理在逻辑上正确吗？

详解参见第255页。

希腊十字

不同于常见的拉丁十字，希腊十字所有臂长相等，可以将之视为由五个相同的正方形拼凑而成。现在，我要求你将它切成块，并重新组装得到一个正方形。下面是一种切成五块的解答。但你能找到另一种方法，将之切成四块并得到同样的形状吗？

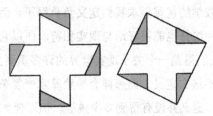

将希腊十字切成五块并得到正方形，现在试着将之切成四块

详解参见第255页。

如何记忆圆周率？

有一首传统的法语诗是这样写的：

Que j'aime à faire apprendre

Un nombre utile aux sages!

Glorieux Archimède, artiste ingenieux,

Toi, de qui Syracuse loue encore le mérite!*

但那个"有用的数"在哪里呢？数一下每个单词的字母个数，将"j"看作只有一个字母的单词，并在第一个数后面加一个小数点，我们就得到

3.141 592 653 589 793 238 462 6

即π的前22位小数的值。在很多语言中都有各种π的助记术。英语中著名的有：

How I want a drink, alcoholic of course, after the heavy chapters involving quantum mechanics. One is, yes, adequate event enough to induce some fun and pleasure for an instant, miserably brief.

这段话之所以到此为止，很可能是因为下一个数字是0，而如何最好地代表零个字母的单词现在还没有完全弄清楚。（后面将说到对此的一种约定。）另一个例子是：

Sir, I bear a rhyme excelling

In mystic force, and magic spelling

Celestial sprites elucidate

All my own striving can't relate.

还有一个雄心勃勃的π的助记术试图通过讲述一个自参照故事来编码π的前402位小数的值。（参见：Michael Keith, "Circle Digits: A Self-Referential

---

* 这首诗的大意为：我多么想让贤者们学习一个有用的数！光荣的阿基米德，伟大的艺术家，你的功绩锡拉库萨现在仍在称颂。

Story," *The Mathematical Intelligencer* 8 No 3 (1986) 56–57. 刊载文章的这份期刊是职业数学家的非正式"官方刊物"。）它用标点符号（句号除外）代表数字0，用超过九个字母的单词代表两个连续的数字（例如，13个字母的单词代表按此顺序排列的数字1和3）。哦，当然，不超过九个字母的单词的字母个数代表相应的数字。这个故事的开头部分如下：

> For a time I stood pondering on circle sizes. The large computer mainframe quietly processed all of its assembly code. Inside my entire hope lay for figuring out an elusive expansion. Value: pi. Decimals expected soon. I nervously entered a format procedure. The mainframe processed the request. Error. I, again entering it, carefully retyped. This iteration gave zero error printouts in all – success.

更多各种语言的π的助记术可参见：

> https://en.wikipedia.org/wiki/Piphilology

哥尼斯堡七桥问题

　　偶尔，一道简单的谜题会开辟一个全新的数学领域。虽然这样的事情很罕见，但我能够想到至少三个例子。而其中最著名的当属哥尼斯堡七桥问题，它促使数学家欧拉在1735年开创了图论。哥尼斯堡（时属普鲁士）横跨普列戈利亚河两岸。河上有七座桥，将河中的两个岛与河岸相连。谜题是：有没有可能找到一条路径，走遍这七座桥，并且经过每座桥各一次？

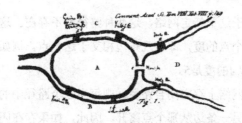

欧拉绘制的哥尼斯堡七桥问题的图

欧拉解决了这道谜题，证明问题无解。更一般地，他给出了这类问题有解的标准，并注意到哥尼斯堡七桥问题不符合这个标准。他指出，具体的几何形状无关紧要，要紧的是它们之间是如何相连的。所以他将这道谜题化简成了一个由点和连接点的边构成的简单网络，下图将网络重叠在了实际地图上。每个点对应于独立的一整块陆地；如果有桥将相应的陆地相连，就用一条边将这两点相连。

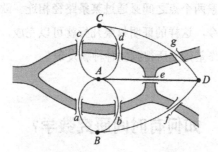

将哥尼斯堡七桥转换成一个网络

因此，我们得到四个点A、B、C和D，以及七条边a、b、c、d、e、f和g，每条边代表一座桥。这道谜题现在便简化成：有没有可能找到一条路径，遍历该网络，并且包括每条边各一次？在继续往下阅读前，你可以亲自试验一下。

为了找出什么时候问题有解，欧拉区分了两类路径：一种是**开放路径**，起点和终点不是同一点；另一种是**闭合路径**，起点和终点在同一点。

他证明了，对于这个特定网络，这两种路径都不存在。这里用到的主要理论概念是每个点的**度**，即有几条边相交于这个点。例如，有五条边相交于点*A*，所以*A*的度是5。

假设某个网络上存在闭合路径，则每当这个路径中的一条边抵达一个点时，必有另一条边从那个点离开。因此，如果存在闭合路径，那么与任意给定一点相连的边的数目必须为偶数：每个点必须有偶数度。这便排除了哥尼斯堡七桥问题存在闭合路径，因为那个网络中有三个点的度为3，有一个点的度为5（都是奇数）。

类似的标准对开放路径也成立，只是现在还必须恰好有两个点是奇数度：一个在路径的起点，另一个在终点。哥尼斯堡网络中有四个点具有奇数度，所以也不存在开放路径。

欧拉还证明了，这些条件是路径的存在的充分条件，前提是该网络是连通的，即任意两个点之间必通过**某条**路径相连。欧拉当时对此的证明相当长。现如今，这样的证明只要几行就可以完成，而这要归功于在欧拉的开创性工作基础上所得到的种种新发现。

如何有时间研究数学？

莱昂哈德·欧拉是史上最多产的数学家。他于1707年生于瑞士巴塞尔，于1783年卒于俄国圣彼得堡，一生写作了超过800篇研究论文以及大量书籍。欧拉育有13个孩子，所以常常会一边把孩子置于膝上一边研究数学。1738年，他的右眼几乎全盲；1766年，他的左眼被发现患上白内障，视力也几乎全无。但失明似乎对他的生产力没有任何影响。他的家人帮他做笔记，而他拥有不可思议的心算能力——有一次，他甚至心算至50位小数，以便判断两个学生中哪一个的答案是正确的。

莱昂哈德·欧拉

欧拉在俄国女皇叶卡捷琳娜二世的宫廷里供职多年。有观点认为，为了避免被卷入可能致命的宫廷政治当中，除了睡觉以外，欧拉把几乎所有时间都用来研究数学。这样他显然没有时间去勾心斗角。

这不免让我想起一个数学笑话。问：为什么数学家应该拥有一个妻子和一个情妇？（男女公平起见，可以把这换成"一个丈夫和一个情夫"。）答：当妻子以为你和情妇在一起，而情妇以为你和妻子在一起时，你就有时间研究数学了。

在五边形中寻找欧拉路径

下面你有机会将欧拉关于路径的发现付诸实践。(a) 找出这个网络上的一条开放路径；(b) 找出一条开放路径，它在左右对换后看上去一样。

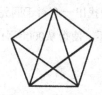

找出该网络中的开放路径

详解参见第255页。

⌒⌐ **衔尾蛇环** ⌐⌒

1960年左右，美国数学家舍曼·K. 斯坦从梵文的一个无意义单词yamātārājabhānasalagām中发现了一个有趣的模式。作曲家乔治·珀尔告诉斯坦，这个词是为了帮助记忆三音节单词可能的长短音模式而创造的。所以第一到第三个音节yamātā对应于短长长，第二到第四个音节mātārā对应于长长长，如此等等。长短音的三元组共有八种可能，而每一种都在这个无意义单词中出现恰好一次。

斯坦用0和1重写了这个单词，其中0表示短音，1表示长音，得到0111010001。然后他注意到最前两位数字与最后两位数字相同，所以这串数字序列可以首尾相接，形成一个环。现在，你可以通过每次移动一位，一次读取三位，来得到0和1的三元组的所有可能组合。

```
0 1 1 1 0 1 0 0 0 1 …
0 1 1
  1 1 1
    1 1 0
      1 0 1
        0 1 0
          1 0 0
            0 0 0
              0 0 1
```

我将这样的序列称为**衔尾蛇环**，得名自神话中头咬尾的大蛇。

对于二元组，存在一个衔尾蛇环：0011。这是唯一的，除了那些通过轮转得到的。你的任务是找出一个对于四元组的衔尾蛇环。也就是说，将八个0和八个1排成一个环，使得从0000到1111的所有可能组合连续出现，并且出现恰好一次。

详解参见第256页。

衔尾蛇环面

在更高的维数上，有没有类似衔尾蛇环的东西？

例如，有十六个2×2方块，每个单元格上写0或1。有没有可能拼出一个内写0和1的4×4方块，使得每种可能的组合在其中作为子方块出现恰好一次？当然，你必须假装方块相对的两边是连在一起的，这样它构成了一个**衔尾蛇环面**。

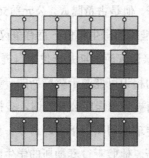

衔尾蛇环面谜题的十六个2×2方块

你可以将这道谜题转换成一个游戏。按上图所示切出十六块，靠近顶部的小点表示朝上的方向。你能做到将它们放进4×4网格中，保持那一点在上部，并使得相邻两个方块在公共边两侧的颜色相同吗？这一规则也适用于两个方块出现在网格的顶部和底部，或最左边和最右边，因为"卷起来"后它们就相邻了。

详解参见第256页。

谁是毕达哥拉斯？

我们之所以记得"毕达哥拉斯"这个名字，是因为它与我们上学时学过的一条定理联系在一起。"直角三角形斜边的平方等于两条直角边的平方和。"也就是说，对于任何直角三角形，最长边的平方等于另外两条边的平方的和。毕达哥拉斯定理可能很有名，但我们对他本人却知之甚少，尽管作为一个历史人物，我们对他的了解还是要比比如欧几里得要多一些。我们不知道他有没有证明过这条以他命名的定理，而我们也有很好的理由相信，即使他有过，他也不是第一个证明该定理的。

毕达哥拉斯定理的证明我们会在后面再讨论。

接着说毕达哥拉斯。他是古希腊人，公元前569年左右出生于爱琴海东北部的萨摩斯岛。（准确的出生年份一直有争议，但上述年份顶多有二十年的误差。）他的父亲谟涅萨科斯是一位来自提尔的商人，母亲皮西厄斯来自萨摩斯。他们的相识可能源于萨摩斯的一次饥荒，谟涅萨科斯运送谷物到萨摩斯，因而被当地居民公开致谢，被授予公民身份。

毕达哥拉斯曾在斐瑞库得斯门下学习哲学。他也很可能拜访过另一位米利都哲学家泰勒斯。他聆听过泰勒斯的学生阿那克西曼德的授课，吸收了其有关宇宙和几何学的许多思想。他去过埃及，并曾被波斯国王冈比西斯二世掳掠回巴比伦。在那里，他学习了巴比伦的数学和音乐理论。后来他在意大利的克罗托内创立了毕达哥拉斯学派，这也是他最为后世所知的成就。毕达哥拉斯学派是一个神秘主义结社。他们相信宇宙是数学的，并且各种符号和数有其深层的精神意义。

许多古代作者都将多种数学定理归到毕达哥拉斯学派，进而毕达哥拉斯名下，其中就包括他关于直角三角形的著名理论。但我们不知道毕达哥拉斯本人究竟提出过什么数学理论。我们也不知道毕达哥拉斯是能证明这个定理，还是仅仅相信它是正确的。此外，来自普林顿322号印字泥板的证据表明，古巴比伦人可能在毕达哥拉斯之前一千两百年就已经了解这个定理——不过他们很有可能不知道如何证明，因为古巴比伦人对于证明没有太多兴趣。

毕达哥拉斯定理的一些证明

  欧几里得证明毕达哥拉斯定理的方法相当复杂，用到了一个被维多利亚时期小学生称为"毕达哥拉斯的裤子"的图（因为它看上去就像晾在晒衣绳上的内裤）。这个证明可以很好地被纳入欧几里得的几何学论述中，而这也是他选用了这个证明的原因。但还有其他很多证明，其中一些会让这个定理更为显而易见。

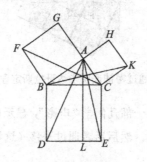

毕达哥拉斯的裤子

  最简单的证明之一用到了某种数学家的七巧板。任取一个直角三角形，将其复制四份，然后将它们放在一个小心选择的大正方形内。在一种组合中，我们看到斜边上的一个小正方形；而在另一种组合中，我们看到直角边上的两个小正方形。显然两种组合中的小正方形的面积是相等的，因为它都是外面的大正方形与四个直角三角形的面积之差。

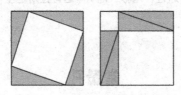

  左图：斜边上的正方形（外加四个直角三角形）；右图：两条直角边上的两个正方形之和（外加四个直角三角形）

还有一种证明采用了巧妙的密铺模式。这里倾斜的网格由斜边上的正方形的多个副本组成，而其他网格涉及另外两个较小的正方形。如果你观察一下那个倾斜的正方形与另外两个正方形重迭的方式，你就可以看出如何能将大正方形切成小块并使之重组成两个小正方形。

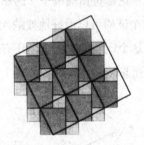

通过密铺证明毕达哥拉斯定理

还有一种证明就像一部几何学"电影"，显示出如何将斜边上的正方形分成两个平形四边形，然后后者通过平移（这样面积不变）制造出两个小正方形。

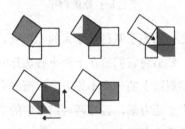

通过"电影"证明毕达哥拉斯定理

常量孔

"现在，这个零件由一个圆柱孔恰好穿过实心铜球的中心制成。"施工经理边说，边打开笔记本电脑里的一个设计图：

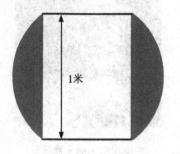

带圆柱孔的球的横切面

"这活看上去很简单，"工头说，"但需要不少铜呢！"

"这正是我要你算出来的，"经理说，"看为此我们需要多少铜。"

工头注视着设计图。"但图上没说这个球有多大啊，"他停了一下，"除非你告诉我球的直径，否则我算不出来。"

"嗯——"经理说，"他们想必忘记标出来了。但我确信你能算出来。午饭前告诉我答案。"

做这个零件需要多少铜？这个值依赖于球的大小吗？

详解参见第257页。

费马大定理

费马大定理的一大优点是其含义容易理解。而这个定理之所以著名，则是因为结果发现它的证明无比困难。它是如此之难，事实上，历经超过350年的漫长时间，耗费了众多世界顶尖数学家的无数心血，它才最终被解决。而为了实现这个目标，数学家发明了种种全新的数学理论，证明了许多看上去比这定理还要难得多的东西。

皮埃尔·德·费马

一切始于1637年左右，当时费马在自己一本丢番图的著作《算术》的书页空白处写下了一行神秘的笔记："对于该事实我已发现了一个绝妙的证明，但这里的空白处太小，写不下。"什么的证明？为此我们需要回溯一下历史。

丢番图很可能是个古希腊人，生活在埃及亚历山大。在公元250年左右，他写了一本关于求解代数方程的书，但这里的解有点特别：要求解是分数，最好是整数。这样的方程现在人们称为**丢番图方程**。一个典型的丢番图问题是：找到两个平方数，使得其和也是平方数（仅使用整数）。一个可能的答案是9和16，加起来等于25。这里9是3的平方，而16是4的平方，25是5的平方。另一个答案是25（5的平方）和144（12的平方），加起来等于169（13的平方）。它们还只是冰山一角。

这个具体问题与毕达哥拉斯定理有关。当时丢番图是在研究一个有着漫长历史的传统问题，试图寻找更多**毕达哥拉斯三元组**，即可以成为直角三角形的边的整数。丢番图写出了一个能找到所有毕达哥拉斯三元组的一般规则。他不是第一个发现这一规则的人，但这个结果可以很自然地被纳入他的书中。

现在再回到费马。他不是一位职业数学家（从来没有得到过一个学术职位)。他的本行是律师。但他的热情所在是数学,尤其是我们现在所谓的**数论**——研究普通的整数的性质。这个领域用到的是数学中最简单的成分,但不无悖论的是,它也是最难取得进展的数学领域之一。成分越简单,就越难用它们做出东西。

费马差不多一手创立了现代数论。他接续丢番图的工作,而当他完成时,这一领域的面貌顿时为之一新。在1637年左右(我们不知道准确年份),在长时间思考过毕达哥拉斯三元组后,他好奇为什么不能把它扩展到立方数呢?

正如一个数的平方是将两个相同的数相乘,一个数的立方是将三个相同的数相乘。比如,5的平方是5×5=25,5的立方是5×5×5=125。相应地,它们可简写为5^2和5^3。毫无疑问,费马尝试过几种可能性。比如,1的立方与2的立方的和是立方数吗?它们的立方分别是1和8,所以它们的和是9。这是一个平方数,而不是立方数:所以不行。

他必然注意到有时可以非常接近。9的立方是729,10的立方是1000,其和为1729。这个数非常接近12的立方1728。一步之差!但仍然不行。

像任何数学家一样,费马应该还尝试过更大的数,使用过任何他能想到的捷径。但无一有效。最终他放弃了:他找不到任何解,并且他开始怀疑这样的解根本不存在。除了0的立方加上任何立方数都等于这个立方数。但我们都知道,加上0无关紧要,所以这种情况是"平凡的",而他对平凡的情况不感兴趣。

好吧,立方数似乎是个死胡同。那么下一个这种类型的数呢,比如四次幂?这可以通过将四个相同的数相乘得到,比如3×3×3×3=81是3的四次幂,写成3^4。但仍然没有让人高兴的结果。事实上,对于四次幂,费马发现了一个逻辑证明,证明除了平凡的情况外无解。费马的证明流传下来的很稀少,但我们知道这个证明是怎样做的,可以看到它既巧妙又正确。它从丢番图寻找毕达哥拉斯三元组的方法中得到了一些启发。

五次幂？六次幂？仍然不行。到现在，费马已经准备好给出一个大胆的命题："不可能将一个立方数拆分成两个立方数之和，或将一个四次幂拆分成两个四次幂之和，或一般而言，将任何高于二次的幂拆成两个同次幂之和。"也就是说，两个 n 次幂加起来等于一个 n 次幂的唯一情况是当 $n=2$ 时，而这时我们是在寻找毕达哥拉斯三元组。这就是他写在书页空白处的笔记，正是它在之后350多年里掀起了轩然大波。

写有费马原始笔记的《算术》一书实际上并没有流传下来。流传下来的是后来他儿子刊行的该书的注释版，其中加入了费马的读书笔记。

费马在自己的信件以及他儿子发表的空白处笔记中写下过许多未得到证明但令人着迷的数论命题，其他数学家则欣然接受挑战。很快，除了一个命题，费马的其他命题都得到了证明（其中有一个被证否，但对于那个命题，费马从来没有声称自己已经有证明）。而唯一剩下的"最后的定理"（这并不是他写下的最后一个定理，而是最后一个没有人能够证明或证否的定理），便是他写在书页空白处的关于同次幂之和的笔记。

费马大定理逐渐变得臭名昭著。欧拉证明了对于立方数无解。费马自己证明了对于四次幂无解。彼得·勒热纳·狄利克雷在1828年证明了对于五次幂无解，又在1832年证明了对于14次幂无解。加布里埃尔·拉梅发表过一个对于七次幂无解的证明，但其中有一个错误。史上最好的数学家之一、数论专家卡尔·弗里德里希·高斯，曾尝试修正拉梅的证明，但失败了，于是便放弃了这个问题。他在写给一位科学家朋友的信中表示，这个问题"在我看来没什么意思，因为大量诸如此类既没法证明又没法证否的命题很容易被构造出来"。但这一次，高斯的直觉错了：这个问题**有**意思，而他的评论似乎有点吃不到葡萄说葡萄酸了。

1874年，拉梅有了一个新想法，将费马大定理与特殊的一类复数（复数涉及−1的平方根，参见第178页）联系起来。虽然复数的想法没错，但拉梅的论证中暗含一个隐藏的假设，而恩斯特·库默尔在给他的信中指出，证明对于23次幂开始出问题。库默尔成功修正了拉梅的想法，最终证明了对于到100为止（除了37、59和67）的所有次幂无解。后来的数学家进而排除了这几个数，并延长了这个列表。到1980年时，费马大定理已被证明对于到125 000为止的所有次幂都成立。

你可能会认为这已经足够好了，但数学家要更倔强。要么是**所有次幂**，要么不值一提。相对于剩下的无穷多数，头125 000个整数简直微不足道。但库默尔的方法需要对每个幂次具体问题具体分析，终究难堪大任。迫切需要**新想法**。但不幸的是，没有人知道该从何处去找新想法。

所以数论学家放弃了费马大定理，转向其他仍有可能取得进展的领域。其中一个领域便是**椭圆曲线**。它很激动人心，但技术性也非常强。椭圆曲线并不是椭圆（要真是椭圆，就不需要另外起个不同的名称了）。它是这样一类平面上的曲线，其y坐标的平方是x坐标的三次方程。而这样一类曲线反过来又与一些涉及复数的绝妙表达式，即在19世纪后期非常流行的**椭圆函数**相联系。关于椭圆曲线及其相关的椭圆函数的理论研究逐渐变得深入而强大。

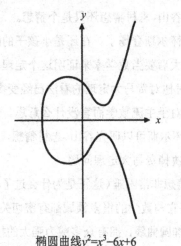

椭圆曲线$y^2 = x^3 - 6x + 6$

大约从1970年起，一些数学家开始注意到椭圆曲线与费马大定理之间的一种奇异的关联。粗略地说，如果费马大定理不成立，两个n次幂之和等于另一个n次幂，则这三个数就确定了一条椭圆曲线。而由于n次幂能像这样相加，所得到的椭圆曲线将非常奇异，具有令人惊讶的特性组合。正如格哈德·弗雷在1985年指出的，其特性如此令人惊讶，以至于它看上去像几乎不可能存在的曲线。

这一观察开辟了通过"反证法"证明的新路。为了证明某个命题成立，先假定它不成立，然后逻辑推导出相互矛盾或与已知事实相悖的结果，这样最初的假定必定是错误的，因而这个命题成立。1986年，肯尼思·里贝证明了，如果费马大定理不成立，则相关的椭圆曲线与日本数学家谷山丰和志村五郎提出的一个猜想相悖。始于1955年的这个谷山–志村猜想说：每条椭圆曲线都与一类称为**模函数**的特殊椭圆函数相关联。

里贝的发现暗示了，只要能证明谷山–志村猜想，证明费马大定理就水到渠成（通过反证法）。因为如果假定费马大定理不成立，这意味着弗雷的椭圆曲线存在，但谷山–志村猜想告诉我们这样的椭圆曲线不存在。

但不幸的是，谷山–志村猜想还只是个猜想。

然后安德鲁·怀尔斯登场了。在还是小孩子的时候，他听说了费马大定理，并立志长大后要当数学家来证明这个定理。后来他真的成了一位数学家，但到那时他对费马大定理的看法已经变得很像高斯所抱怨的：一个孤立的问题，对于主流数学而言没什么意思。但弗雷的发现改变了这一切。这意味着怀尔斯可以研究谷山–志村猜想，一个重要的主流数学问题，同时顺便解决掉费马大定理问题。

但谷山–志村猜想非常困难（这正是为什么过了将近四十年它仍然还只是个猜想）。幸好它与数学的很多领域都有密切关系，而它稳居其中核心的那个领域，即椭圆曲线，拥有众多威力强大的技术。在七年时间里，怀尔斯孜孜不倦地进行研究，尝试所能想到的各种技术，试图证明谷山–

志村猜想。几乎没有人知道他在研究这个问题，因为他想保密。

1993年6月，怀尔斯在世界顶尖数学研究中心之一剑桥大学的牛顿数学研究所做了三场讲座。系列讲座题为"模形式、椭圆曲线以及伽罗瓦表示"，但专家们知道这其实是讲谷山–志村猜想以及有可能地，费马大定理。在演讲第三天，怀尔斯宣称他已经证明了谷山–志村猜想，不过不是对于所有椭圆曲线，而只是对于一类特殊的所谓"半稳定"椭圆曲线。

弗雷的椭圆曲线，如果确实存在，是半稳定的。所以怀尔斯是在告诉听众他已经证明了费马大定理。

不过事情并没有这么简单。在数学中，单靠在讲座上声称自己已经得出了某个大问题的答案并不足以让你把这个荣耀纳入囊中。你必须发表你的整个思想，这样所有人都能检验你的答案是否正确。而当怀尔斯开始这个过程（包括在发表前让其他专家仔细审查细节）时，一些逻辑上的缺陷被发现了。他很快修补了其中的大部分缺陷，但有一个问题似乎要难得多，始终挥之不去。顿时流言四起，仿佛整个证明已经功亏一篑。怀尔斯进行了最后一搏，试图挽救这个就要分崩离析的证明，而出乎大多数人的意料，他成功了。最后一个技术支点是由他以前的学生理查德•泰勒提供的，而到1994年10月底，整个证明终于完成了。接下来的事情大家都知道了。

通过发展怀尔斯的新方法，谷山–志村猜想现在已被推广到所有椭圆曲线，而不仅仅只是半稳定椭圆曲线。尽管费马大定理这一**结果**意义不算重大（没有什么重要结论取决于它的正确与否），但用来证明它的**方法**业已成为对数学武器库的一个永久且重要的补充。

剩下还有一个问题。费马是否果真如他在书页空白处所说想到了一个有效的证明？如果确实如此，那也显然不是怀尔斯发现的证明，因为其所需的思想和方法在费马时代还根本不存在。试想这样一个类比：如今我们可以使用大型起重机建造金字塔，但我们可以肯定一点，无论古埃及人当初是如何建造金字塔的，他们肯定没有用到现代机械。这不仅是因为尚未发现这样的机器存在的证据，也是因为必要的基础设施在当时并不存在。否则的话，他们的整个文化将大不相同。所以数学家普遍认为，费马自以为的证明很可能存在一个他没有发现的逻辑缺陷。事实上，有几个似是而非的证明尝试有可能在他的时代存在。但我们不知道他的证明（如果确实存在的话）是不是类似其中之一。也许（只是也许）在数学想像世界的某个尚不为人知的角落中确实隐藏着这样一种简单得多的证明，正等待着有人无意间闯进去。*毕竟比这更稀奇的事情也不是没有发生过。

毕达哥拉斯三元组

不说出丢番图找出所有毕达哥拉斯三元组的方法，你是不会饶过我的，是不是？

好吧，这个方法具体如下。取任意两个整数，然后得到

- 两者的积的两倍
- 两者的平方的差
- 两者的平方的和

这样得到的三个数就是直角三角形的三条边。

例如，取整数2和1，则

- 两者的积的两倍=2×2×1=4
- 两者的平方的差=$2^2-1^2=3$
- 两者的平方的和=$2^2+1^2=5$

---

* 如果你认为你找到了这种方法，**请不要发给我**。我收到过太多类似这样的证明尝试，而到目前为止……所以请不要给我"惊喜"。

这样就得到著名的3-4-5直角三角形。而如果取3和2这两个数，则

- □ 两者的积的两倍=2×3×2=12
- □ 两者的平方的差=$3^2-2^2=5$
- □ 两者的平方的和=$3^2+2^2=13$

这样就得到另一个著名的5-12-13直角三角形。另一方面，取42和23，则

- □ 两者的积的两倍=2×42×23=1932
- □ 两者的平方的差=$42^2-23^2=1235$
- □ 两者的平方的和=$42^2+23^2=2293$

虽然没有人听说过1235-1932-2293直角三角形，但这几个数确实能组成毕达哥拉斯三元组：

$$1235^2+1932^2=1\ 525\ 225+3\ 732\ 624=5\ 257\ 849=2293^2$$

最后还要补充一点。计算出三个数后，可以选择我们喜欢的任意其他数来乘以这三个数。因此，将3-4-5直角三角形的三条边都乘以2可以得到6-8-10直角三角形，或者乘以5得到15-20-25直角三角形。我们无法通过整数利用前面的方法得到上述两个三元组。丢番图知道这一点。

质因子

质数是整个数学当中最迷人的研究对象之一。下面就是一个质数入门（Prime Primer）。

如果一个大于1的整数不是两个较小的数的积，则这个数是**质数**。质数序列的开头几位分别是

2, 3, 5, 7, 11, 13, 17, 19, 23, 29, 31, 37, ...

注意到根据约定，1被排除在外。质数在数学中相当重要，因为每个整数都是质数的积。例如，

$$2007=3\times3\times223$$
$$2008=2\times2\times2\times251$$
$$2009=7\times7\times41$$

而且（只有数学家才会关心这类事情，但它们其实非常重要，并且出人意料地难以证明），只有一种分解法，如果不算重新排列相关质数的顺序。例如，虽然也可以写成2008=251×2×2×2，但这不算不同的分解法。这一性质被称为"唯一质因子分解"。

如果你在担心1算什么，那么数学家是将它视为**零个**质数的积。抱歉，数学家有时就是这样的。

这些质数的分布似乎相当不可预测。除了2之外，它们都是奇数，因为偶数可以被2整除，因而除2本身之外的偶数都不会是质数。类似地，3是3的倍数中的唯一质数，依此类推。

欧几里得证明了没有最大的质数。换言之，存在无穷多质数。对于任何给定质数p，总能找到比它大的质数。事实上，$p!+1$的任意质数因子都比p大。这里$p!=p\times(p-1)\times(p-2)\times\cdots\times3\times2\times1$，称为$p$的阶乘。例如，

$$7!=7\times6\times5\times4\times3\times2\times1=5040$$

已知最大质数则是另一回事，因为欧几里得的方法并不是一种生成新质数的实用方法。在我写本书时，已知最大质数为

$$2^{32\,582\,657}-1$$

若将这个数用十进制表示法写出来，它将有9 808 358位。

孪生质数是相差2的质数对。比如，(3, 5), (5, 7), (11, 13), (17, 19)等。孪生质数猜想声称，存在无穷多个孪生质数对。人们普遍相信这是对的，但尚未找到证明，或者证否。迄今为止已知最大孪生质数是

$$2\,003\,663\,613\times2^{195\,000}-1和2\,003\,663\,613\times2^{195\,000}+1$$

它们各有58 711位数。*

---

* 截至2016年1月，已知最大质数为$2^{74\,207\,281}-1$，它共有22 338 618位；已知最大孪生

1994年，托马斯·奈斯利在用计算机研究孪生质数时注意到他的结果与之前的计算结果不一致。在花了数星期时间搜寻程序中的错误而不得后，他最终确认问题源自Intel的Pentium处理器的一个未知bug。Pentium处理器是当时世界上大部分计算机使用的中央处理器。具体参见：

www.trnicely.net/pentbug/bugmail1.html

毕达哥拉斯三元组一个不为人知的特性

众所周知，任意两个毕达哥拉斯三元组结合起来都可以产生另一个毕达哥拉斯三元组。事实上，若

$$a^2+b^2=c^2$$

且

$$A^2+B^2=C^2$$

则

$$(aA-bB)^2+(aB+bA)^2=(cC)^2$$

然而，对于这种结合毕达哥拉斯三元组的方式还有一个不那么为人所知的特性。如果你将上面这个式子看作三元组的"乘法"，那么我们可以定义**质三元组**，即一个三元组不是两个较小的三元组的积。因此，每个毕达哥拉斯三元组都是两个不同的质三元组的积；而且三元组的这个"质因子分解"本质上唯一的，除了一些平凡的区别（在此我不展开细说）。

事实证明，质三元组可以构成这样的直角三角形：斜边是形为$4k+1$的质数，而另外两条边都是非零的数；**或者**斜边是2或形为$4k-1$的质数，

质数是$3\,756\,801\,695\,685 \times 2^{666\,669} \pm 1$，它们各有200 700位。——编者注

而另外两条边之一是零（一个"退化的"三元组）。

例如，3–4–5三元组是质三元组，5–12–13也是质三元组，因为它们的斜边都是形为$4k+1$的质数。0–7–7三元组也是质三元组。33–56–65三元组不是质三元组（它是3–4–5三元组和5–12–13三元组的"积"）。

顺便提及这些，可能你会想知道。

∽ 算 100 点 ∾

将**恰好**三个常见数学运算符填入以下九个数字之间

$$123456789$$

使得其结果等于100。同一种运算符可以重复使用，但要单独计算次数。数字的顺序不能改变。

详解参见第259页。

∽ 用正方形拼出正方形 ∾

我们都知道，矩形地面可以用相同大小的正方形瓷砖铺满，只要矩形的边长是正方形边长的整数倍。但如果正方形瓷砖的边长**各不相同**呢？

首个"用不同大小正方形拼出的矩形"由兹比格涅夫·莫龙在1925年发表。他用到了十块不同大小的正方形瓷砖，边长分别为3、5、6、11、17、19、22、23、24和25。

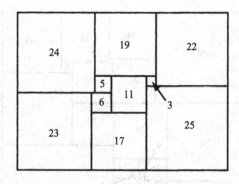

莫龙用不同大小的正方形拼出的首个矩形

不久以后，他又发现了一个用九块瓷砖拼出的矩形，所用瓷砖大小分别为1、4、7、8、9、10、14、15和18。你能用这些瓷砖拼出一个矩形吗？提示一下，拼出的矩形大小为32×33。

那么能否用不同大小的正方形瓷砖拼出**正方形**呢？在很长一段时间里，人们认为这是不可能的。但在1939年，罗兰·斯普拉格发现55个不同大小的正方形可以拼出一个正方形。1940年，四位数学家（伦纳德·布鲁克斯、锡德里克·史密斯、阿瑟·斯通和威廉·塔特，当时他们还是剑桥大学三一学院的本科生）发表了一篇论文，将这个问题转换成了一个电路（这个网络编码了正方形的大小及其组合方式）。利用这种方法，人们找到了更多解答。

1948年，西奥菲勒斯·威尔科克斯发现24个正方形组合在一起可以拼出一个正方形。之后有一段时间，人们认为这一任务最少需要24个正方形，但阿德里亚努斯·迪韦斯泰恩在1962年用计算机算出只需21个正方形即可，并且这是所需的最小数目。其大小分别为2、4、6、7、8、9、11、15、16、17、18、19、24、25、27、29、33、35、37、42和50。你能用迪韦斯泰恩的21块瓷砖拼出一个正方形吗？提示一下，这个正方形的大小为112×112。

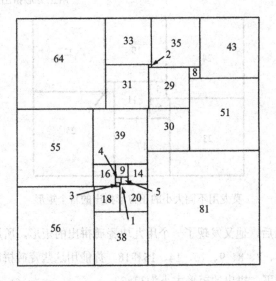

威尔科克斯用24个正方形瓷砖拼出的正方形

　　最后是一个确实非常难的问题：如果每个整数的尺寸（1, 2, 3, 4, …）恰好使用一次，能否用正方形瓷砖不留缝隙地铺满无穷大的平面？这个问题一直未能得到解决，直到2008年，弗雷德里克·亨利和詹姆斯·亨利父子才证明回答是肯定的。他们的论文参见："Squaring the Plane," *The American Mathematical Monthly* 115 No 1 (2008) 3–12.

　　更多信息也可参见：www.squaring.net

　　详解参见第259页。

❧ ❦ 幻方 ❦ ❧

　　我现在有点说"正方形"停不下来了，所以让我再说说"正方形"数学趣题中最古老的一个。在中国的神话中，传说在大禹治水时，"天与禹洛出书，神龟负文而出，列于背，有数至于九"，是为洛书。

洛书

龟背上有数字"二九四、七五三、六一八",并构成正方形的九宫格:

$$4 \quad 9 \quad 2$$
$$3 \quad 5 \quad 7$$
$$8 \quad 1 \quad 6$$

在这里,每一行、每一列以及每一条对角线上的数之和都是15。具有这种性质的数字正方形称为**幻方**,相关的和称为**幻方常数**。通常这种正方形由连续的整数组成,比如1,2,3,4等,但有时这个条件会放宽。

丢勒的《抑郁症》及其中的幻方

1514年,德国艺术家丢勒创作了一幅版画《抑郁症》,其中也有一个4×4幻方(右上角)。最下面一行的中间两个数是15–14,也就是版画创作的年份。这个幻方包含如下几个数:

$$
\begin{array}{cccc}
16 & 3 & 2 & 13 \\
5 & 10 & 11 & 8 \\
9 & 6 & 7 & 12 \\
4 & 15 & 14 & 1
\end{array}
$$

其幻方常数为34。

如果使用连续整数1, 2, 3, …，并且将给定一个幻方的旋转和反射视为同一个幻方，则

- 大小为3×3的幻方有1个
- 大小为4×4的幻方有880个
- 大小为5×5的幻方有275 305 224个

大小为6×6的幻方个数目前仍为未知数，但利用统计方法得到的估计大约有$1.77×10^{19}$个。

关于幻方及其变体（比如幻立方）的文献数不胜数。其中一个可参考的网页是：mathworld.wolfram.com/MagicSquare.html

⁓ 平方的幻方 ⁓

幻方如此有名，所以我不好再讨论太多普通的幻方，但其实它们的有些变体还是非常有意思的。例如，有没有可能利用不同的完全平方数构造出一个幻方？不妨称之为**平方的幻方**。（显然，使用连续整数的条件必须被忽略！）

我们仍不确定3×3的平方的幻方是否存在。差一点达到这个目标的是李·萨洛斯的幻方：

$$
\begin{array}{ccc}
127^2 & 46^2 & 5^2 \\
2^2 & 113^2 & 94^2 \\
74^2 & 82^2 & 97^2
\end{array}
$$

其中每一行、每一列以及**一条**对角线上的数之和都相同。另一个失之交臂的是下面这个幻方：

$$373^2 \qquad 289^2 \qquad 565^2$$
$$\mathbf{360\ 721} \qquad 425^2 \qquad 23^2$$
$$205^2 \qquad 527^2 \qquad \mathbf{222\ 121}$$

但其中只有七个数是平方数，两个非平方数我用粗体标了出来。它由萨洛斯和安德鲁·布雷姆纳各自独立发现。

1770年，在写给拉格朗日的信中，欧拉给出了第一个4×4的平方的幻方：

$$68^2 \quad 29^2 \quad 41^2 \quad 37^2$$
$$17^2 \quad 31^2 \quad 79^2 \quad 32^2$$
$$59^2 \quad 28^2 \quad 23^2 \quad 61^2$$
$$11^2 \quad 77^2 \quad 8^2 \quad 49^2$$

其幻方常数为8515。

克里斯蒂安·布瓦耶找到了5×5、6×6和7×7的平方的幻方。7×7的幻方使用了连续整数的平方，即从0^2到48^2：

$$25^2 \quad 45^2 \quad 15^2 \quad 14^2 \quad 44^2 \quad 5^2 \quad 20^2$$
$$16^2 \quad 10^2 \quad 22^2 \quad 6^2 \quad 46^2 \quad 26^2 \quad 42^2$$
$$48^2 \quad 9^2 \quad 18^2 \quad 41^2 \quad 27^2 \quad 13^2 \quad 12^2$$
$$34^2 \quad 37^2 \quad 31^2 \quad 33^2 \quad 0^2 \quad 29^2 \quad 4^2$$
$$19^2 \quad 7^2 \quad 35^2 \quad 30^2 \quad 1^2 \quad 36^2 \quad 40^2$$
$$21^2 \quad 32^2 \quad 2^2 \quad 39^2 \quad 23^2 \quad 43^2 \quad 8^2$$
$$17^2 \quad 28^2 \quad 47^2 \quad 3^2 \quad 11^2 \quad 24^2 \quad 38^2$$

环路的内侧和外侧

M25高速公路绕伦敦一周，并且英国的交通规则是靠左行驶。因此，如果你在M25上以顺时针方向绕行,那你是在沿公路的外侧行驶,而如果以逆时针方向绕行,那你是在沿公路的内侧行驶。显然后者路程更短,但究竟短多少呢?M25的全长是188公里,因此沿公路内侧开车应该会少走不少路——难道不是吗?

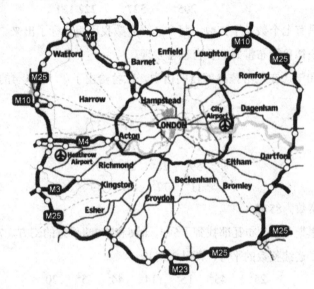

M25高速公路

假设有两辆小汽车在M25上绕行——嗯,不,还是换成两辆**白色厢式货车**在M25上绕行好,这才是日常情景。假设一辆车沿公路外侧顺时针方向行驶,另一辆车沿公路内侧逆时针方向行驶,并假设(这不完全是事实,但可以使问题更具体)两条车道之间的距离始终为10米。请问沿公路外侧车道行驶的车比沿公路内侧行驶的车多走了多少路程?不妨假设路面都在同一水平面上(这也不完全是事实)。

详解参见第260页。

∽⌒ 理论 vs.应用 ⌒∾

理论数学家与应用数学家之间的关系建立在信任和理解的基础上。理论数学家不信任应用数学家，而应用数学家不理解理论数学家。

∽⌒ 幻六边 ⌒∾

幻六边有点像幻方，但用的是由六边形构成的六边形，就像蜂房的一部分：

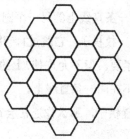

幻六边的网格

你的任务将数1到19放进六边形中，使得三个方向上的任意三格、四格或五格直线上的数之和为同一个幻六边常数——可以透露一下，这个常数为38。

详解参见第261页。

∽⌒ 五角星棋 ⌒∾

如果你找对了切入点，以下这道古老的几何谜题会很容易；否则，它就会很难。

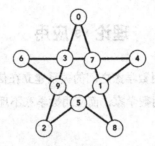

根据规则放置九枚棋子

你有九枚棋子，要求放置到上图所示五角星的九个圆圈里。（这里我将圆圈编了号，以帮助解释答案。在实际游戏中是没有任何编号的。）在空的圆圈里放置一枚棋子，然后它将跳过相邻的一个圆圈（可能为空，也可能为满），并落入同一条直线上的另一个圆圈。例如，如果圆7和圆8是空的，则可以在7上放一枚棋子，它跳过1，并落入8。这里1可以为空，也可以为满——这无关紧要。但不允许使7上的棋子跳过1落入4或5，因为这里涉及的三个圆圈不在同一条直线上。

如果你只是随机放置棋子，那么你通常会在解出题目之前就用完了合适的空圆圈对。

详解参见第262页。

墙纸模式

墙纸模式是指同一个图案在两个方向上重复：沿墙的上下以及左右（或斜向）。上下的重复源自在墙纸的印刷过程中，纸张连续通过印刷滚筒，从而被印上重复的图案。左右的重复则使图案可以从一幅墙纸过渡到相邻的墙纸，从而横向铺满整个墙面。并且相邻两幅墙纸之间的"错位"也不会造成问题，从而使得铺设墙纸更容易。

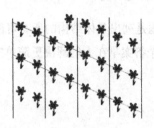

墙纸模式在两个方向上重复

墙纸可能的**设计**可以无穷无尽。但不同的设计可以有相同的模式，而只是在重复的基础图案上有所变化。例如，上面设计中的花朵就可以换成蝴蝶、鸟或抽象形状。因此，数学家通过对称性来区分**本质上**不同的模式。那么具体都有哪些方式，使得我们可以通过平移、旋转或翻转（做镜像反射）基础图案，从而使最终得到的结果与开始时的一样？

对于我的花朵壁纸的模式，唯一的对称性是在基础图案重复的两个方向上的平移，或者多个交替出现的此类平移。这是最简单的一种对称性，但还有其他更复杂的、涉及旋转和反射的对称性。1924年，乔治·波利亚和保罗·尼格利证明了，墙纸模式有恰好17种不同的对称性——真是出人意料地少。

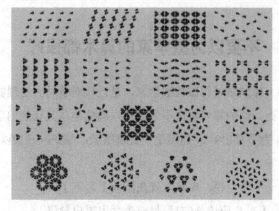

17种墙纸模式

三维下的对应问题是列出晶体结构的所有可能的对称性。这个数目是230。有趣的是，这个答案早在人们解决更简单的二维墙纸问题之前就被发现了。

ꙮ 丢番图去世时多大年纪？ ꙮ

在前面讨论费马大定理的章节中，我提到过亚历山大的丢番图。他生活在公元250年左右，写了一本著名的关于方程的书《算术》。我们对他的所有了解几乎仅限于此，除了后世的一个材料还透露了他的年龄（假设这个材料是可信的）。这个材料说：

丢番图一生的六分之一花在童年上。再过了一生的十二分之一后他长出胡子。又度过一生的七分之一后他结了婚。过了五年，他的儿子出生。儿子的寿命只是他父亲寿命的一半。儿子过世四年后，丢番图也与世长辞。请问丢番图去世时多大年纪？

详解参见第263页。

ꙮ 不要以为数学家的算术都很好 ꙮ

恩斯特·库默尔是德国代数学家，是近代对费马大定理做出卓越贡献的人。然而，他的算术实在不怎么样，因此他总是让他的学生帮他计算。有一次，为了算出9×7，他嘴里一直嘟囔着："嗯……9乘以7等于……9乘以7……等于……"

"61。"一个学生说。库默尔就在黑板上写下了61。

"教授，不对！应该是67！"另一个学生提出异议。

"好了，好了，先生们，"库默尔说，"不可能两个都对。必定是其中之一。"

ᓚᘏ The Sphinx is a Reptile ᓚᘏ

好吧，其实是rep-tile，它不同于reptile（爬行动物）。它是"replicating tile"（自我复制瓷砖）的简写，指的是一个形状的几个副本可以拼出一个放大后的自己。最明显的自我复制瓷砖是正方形。

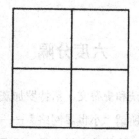

四个正方形瓷砖拼出一个更大的正方形

不过还有其他很多自我复制瓷砖，比如下面这些：

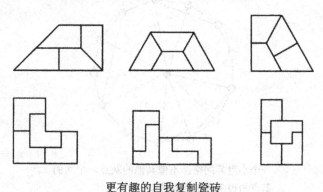

更有趣的自我复制瓷砖

一个著名的自我复制瓷砖是狮身人面像（Sphinx）。你能用四个狮身人面像拼出一个更大的狮身人面像吗？允许在必要时将部分瓷砖翻个。

狮身人面像

详解参见第263页。

六度分隔

1998年，邓肯·沃茨和史蒂文·斯特罗加茨在科学期刊《自然》上发表了一篇论文，讨论所谓"小世界网络"——在这些网络中，某些点的连接度超乎寻常地高。这篇论文引发了一股研究热潮，人们纷纷将这一概念应用于实际的网络，比如互联网和流行病的传播。

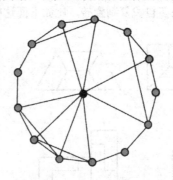

一个小世界网络：不像其他的灰点，中间的
黑点与很多点都相互连接

故事还要从1967年讲起，当时心理学家斯坦利·米尔格拉姆准备了160封信，上面只有他的股票经纪人的名字，但没有地址。然后他在不同地方"遗失"了这些信，使得不同的人会发现它们，而他希望捡到信的人会将信送出去。很多信最终被正确送达股票经纪人的办公室，而这些被送达的信件最多经过了六道手。这让米尔格拉姆产生了一个想法，我们与地球上所有其他人之间最多只隔五个中间人——六度分隔。

有一次，我在数学系的休息室向我的朋友杰克·科恩解释这篇论文及其背景。这时我们的系主任恰好路过，他停下来说："胡说八道！杰克，在你与一个蒙古放牛人之间相隔多少步？"杰克立即答道："一步！"然后他解释说，自己隔壁办公室就是一位曾在蒙古工作过的生态学家。而这类事情碰巧让杰克遇上，是因为他正是那些连接度超乎寻常地高、使小世界网络得以维持的人之一。例如，在他的牵线下，我和我的系主任就与一位蒙古放牛人只相隔两步。

你可以通过查询"培根的先知"（oracleofbacon.org）来体验小世界现象。凯文·培根是一名好莱坞演员，出演过大量电影。任何与凯文出演过同一部电影的人的**培根数**为1。任何与培根数为1的人出演过同一部电影的人的培根数为2，依此类推。如果米尔格拉姆的理论是正确的，那么每位演员（在电影界这个"世界"中）的培根数都小于或等于6。在网站上，当你输入一位演员的名字时，它会告诉你该演员的培根数以及哪些电影帮助建立了联系。例如，

- ❑ 米歇尔·法伊弗出演1987年的《月亮中的亚马逊女人》，同
- ❑ 戴维·艾伦·格里尔，他出演过2004年的《森林人》，同
- ❑ 凯文·培根

所以米歇尔·法伊弗的培根数为2。

要找到一个培根数大于2的人还不容易呢！其中一位是

- ❑ 哈莉·穆伊出演过2005年的《星球大战前传3：西斯的复仇》，同

- 塞缪尔·L. 杰克逊，他出演过2006年的《航班蛇患》，同
- 蕾切尔·布兰查德，她出演过2005年的《何处寻真相》，同
- 凯文·培根

所以哈莉·穆伊的培根数为3。

数学界也有自己的"培根的先知"，而其中的核心人物是保罗·埃尔德什。埃尔德什喜欢与其他数学家合作撰写论文，所以这里的游戏方式相同，只不过帮助建立联系的是合作论文。我的埃尔德什数为3，因为

- 我曾携手
- 马蒂·戈卢比茨基，后者曾携手
- 布鲁斯·罗思柴尔德，后者曾携手
- 保罗·埃尔德什

并且这是对我而言最短的联系链。我以前的一名学生曾与我合作写过一篇论文，但尚没有其他人与他合作，所以他的埃尔德什数为4。

一般而言，参演一部电影的人要比合作写一篇数学论文的人多——不过对于生物学或物理学的某些领域，我就不敢这样说了。所以可以想见，埃尔德什数一般要比培根数大。所有埃尔德什数为1或2的数学家的名单可参见：

www.oakland.edu/enp

在尝试三等分角前必读

欧几里得告诉了我们如何通过尺规二等分角，而重复这个过程可以将任意给定的角平分成4, 8, 16, ..., 2^n份。但欧几里得没有解释该如何三等分角（或五等分角，诸如此类）。

在传统上，尺规作图只能使用两件工具：一把理想化的直尺，没有

刻度，无限长，用于画直线；以及一把理想化的圆规，可展开至无限宽，用于画圆。结果发现用尺规无法三等分角，但对此的证明直到1837年才出现，皮埃尔·旺策尔通过代数方法表明不能用尺规三等分60度角。然而，很多业余爱好者不为所动，仍在尝试三等分角。所以可能还是有必要解释一下为什么用尺规三等分角是不可能的。

任意点都可以用尺规近似地作出，并且近似程度可以任意接近。将一个角三等分到，比如一万亿分之一度的精度并不难——至少在原理上。然而这里的数学问题不是关于实用的解，而是关于理想化的、无限精确的三等分角可能与否。它也是关于**有限**次应用尺规：如果允许无限多次应用尺规，那么再一次地，任意点都可以被作出——并且这次是精确的。

尺规作图的关键特性在于它们能够构造平方根，而重复这个过程可以求得平方根的平方根……看出来了吧。不过这也是传统的尺规的能力极限了。

从代数角度看，这时我们是通过反复求有理数的平方根来找出这些点的坐标。而这样的数满足一类特定的代数方程：方程中未知数的最高幂次（称为方程的**次数**）必须是平方，或四次方，或八次方……也就是说，次数必须是2的幂。

一个60度的角可以通过单位圆（圆心在坐标系原点，半径为1）上的三个点构造出来：$(0, 0)$、$(1, 0)$和$\left(\dfrac{1}{2}, \dfrac{\sqrt{3}}{2}\right)$。三等分这个角等价于构造出一个点$(x, y)$，使得连接这个点和圆心的直线与横轴形成20度角。借助三角函数和代数，可知这个点的x坐标是有理系数**三次**方程的一个解。事实上，x满足方程$8x^3-6x-1=0$。但三次方程的次数是3，它不是2的幂。这里出现矛盾——所以三等分角是不可能的。确实，你可以无限接近，但永远达不到。

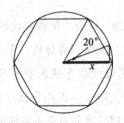

三等分60度角等价于构造出 x

许多三等分角的热衷者常常在听说旺策尔的证明后仍试图找寻那些不可能的方法。他们会说诸如"我知道它在代数上不可能，但也许在几何上可能"之类的话。但旺策尔的证明已经表明，不存在几何上的解法。它通过代数**方法**证明了这一点，而代数和几何是数学中两个相互兼容的部分。

我总是告诉一些尝试三等分角的人，如果他们相信自己发现了一种三等分角的方法，那么由此得到的一个直接结论就是，3是偶数。他们真的希望通过做出这样的断言来"名垂青史"吗？

当然，如果将问题的条件适当放宽，那么很多三等分角都是可能的。阿基米德所知的一种需要用到边上只有两个刻度的尺子。古希腊人称这类方法为二刻尺作图。为了三等分角，需要移动直尺，使两个刻度中的一个落在圆上，另一个落在直线上，作出一段与圆的半径相等的线段。

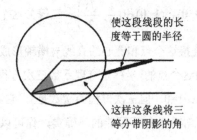

使这段线段的长度等于圆的半径

这样这条线将三等分带阴影的角

阿基米德三等分角的方法

⚮⚭ 兰福德立方体 ⚮⚭

　　苏格兰数学家C.达德利·兰福德在看他的儿子玩六个彩色方块（每种颜色各有两个方块）。他注意到，孩子把它们排成了两个黄色方块之间隔着一个方块，两个蓝色方块之间隔着两个方块，而两个红色方块之间隔着三个方块。这里我换用白色、灰色和黑色方块加以说明。

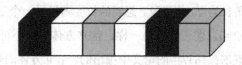

兰福德立方体

　　我们发现两个白色方块之间只有一个方块（碰巧是灰色方块），两个灰色方块之间有两个方块（一个黑色方块，一个白色方块），而两个黑色方块之间有三个方块（两个白色方块和一个灰色方块）。深入思考之后，兰福德可以证明这是这种排列的唯一排法，除了调换左右的另一种。

　　他想知道对于更多种颜色（比如四种），是否也同样如此。而他再次发现只有一种排法，外加上其调换左右的另一种。你能找出这种排法吗？处理这个问题的最简单方法是用扑克牌来替代方块。取出两个A、两个2、两个3和两个4。你可以将这些牌排成一行，使得恰好有一张牌在两个A之间、两张牌在两个2之间、三张牌在两个3之间、四张牌在两个4之间吗？

　　对于五对牌或六对牌，这样的排列不存在，但七对牌有26种这样的排列。一般而言，当且仅当牌的对数是4的倍数或者比4的倍数小1时，解才存在。尚未发现计算有多少解的公式，但2005年，迈克尔·克拉耶茨基、克里斯托夫·雅耶和阿兰·布伊用计算机算了三个月，终于发现24对牌有46 845 158 056 515 936种这样的排列。

　　详解参见第263页。

∽⌒∾ 倍立方体 ∽⌒∾

接下来我要简单提一下另一个立方体问题，即著名的"古代几何问题"中的第三个。它的名气远不及另外两道著名难题——三等分角和化圆为方。根据传统说法，已知一个立方体祭坛，要求作出另一个立方体，使得它的体积等于已知立方体的两倍。这等价于从平面上的有理数点开始，构造出一条长为 $\sqrt[3]{2}$ 的线段。想要的长度满足另一个三次方程，这次很明显，即 $x^3-2=0$。像三等分角一样，倍立方体也是不可能的，原因正如皮埃尔·旺策尔在1837年的论文中指出的。倍立方体的热衷者很罕见，你几乎碰不到。三等分角的热衷者则就如过江之鲫了。[*]

∽⌒∾ 幻星 ∽⌒∾

下图是一个五角星，并且它是一个幻星，因为每条直线上的四个数之和都是24。不过它并不是一个完美的幻五角星，因为它没有使用从1到10这十个数。相反，它使用了从1到12中除7和11外的十个数。

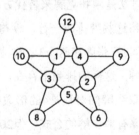

幻五角星，其中的数不连续

---

[*] 不过我们也不应忘记埃德温·J. 古德温，他关于化圆为方的研究在印第安纳州差点引起了轩然大波（参见第24页）。

　　事实证明，这是用五角星所能得到的最好结果。但如果使用六角星，就有可能将从1到12这十二个数填进圆圈中，且每个数使用一次，使得每条直线上的数之和相同。（提示一下，和是26。）而为了增加题目的难度，我另外要求六个最外围的数加起来也等于26。这些数该如何填？

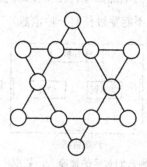

在圆圈中填上从1到12这十二个数，使之成为幻星

详解参见第264页。

宽度固定的曲线

　　圆在任何方向上的宽度都相同。如果你将它放在两条平行线之间，你可以把它放在任何位置。这正是车轮被制成圆形以及圆木被用作滚轮的原因之一。

　　然而，圆是**唯一**宽度为固定值的曲线吗？

可转动任意角度

圆是唯一宽度固定的曲线吗？

详解参见第264页。

·ᴥ· 连接电线 ·ᴥ·

对于下图，你能不能找到一种连接电线的方法，将电冰箱、炉灶和洗碗机连接到三个对应的电源插座，使得任意两条电线都不相交（电线不能穿过厨房的墙，也不能穿过任何一件电器）？

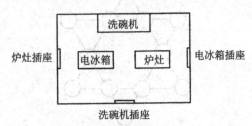

将设备连接到它们对应的插座上，要求电线不能相交

在普通的三维空间中，这道题似乎很牵强，但在二维空间里，这就是确确实实是个问题了（平面国的居民便要面对这样的问题）。一个没有门的厨房是个更大的问题，但让我们暂且接受吧。

详解参见第265页。

·ᴥ· 移动硬币 ·ᴥ·

下面第一个图中有六枚银币，A、C、E、G、I和K，还有六枚金币，B、D、F、H、J和L。要求移动这些硬币，使之变成第二个图中的排列。每次移动必须将一枚银币与一枚相邻的金币对调；有边相连的两个硬币是相邻硬币。解这道题的已知最少移动次数为17。你能找到移动17次的解法吗？

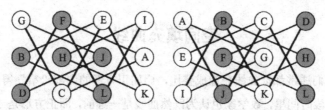

移动第一个图中的硬币，使之变成第二个图中的排列

详解参见第265页。

被骗走的车

奈杰尔花900英镑买了一辆二手车，并在当地报纸上打广告出售，要价2900英镑。然后一位身着牧师服、看上去很体面的老绅士登门拜访，咨询了关于这辆车的情况，并毫不还价地买下了车。然而，他误将支票写成了3000英镑，而这是他支票本里的最后一张支票了。

奈杰尔家里没有现金，所以他拿支票跟隔壁的一位朋友玛姬换了现金。然后他找了牧师100英镑。但当玛姬去银行准备将支票兑现时，银行发现这是张空头支票而拒绝兑现。为了还款给玛姬，奈杰尔不得不又跟另一位朋友哈里借了3000英镑。

在最终偿还了这笔欠债后，奈杰尔愤怒地抱怨道："我在车身上损失了2000英镑的利润，在找头上损失了100英镑，偿还给玛姬3000英镑，又偿还给哈里3000英镑。我总共损失了8100英镑！"

他实际上损失了多少英镑？

详解参见第265页。

空间填充曲线

我们通常都把曲线想像成要比,比如正方形的内部"窄"得多。在很长一段时间里,数学家也认为既然曲线是一维的,而正方形是二维的,那不可能有曲线会通过正方形内部的每一点。

然而事实并非如此。1890年,意大利数学家朱塞佩·皮亚诺就发现了一条这样的**空间填充曲线**。它无穷长,无限曲折,但仍符合数学家关于曲线的概念(即本质上是某种弯曲的直线)。只是在这个情形中,它弯曲得**非常**厉害。一年后,德国数学家大卫·希尔伯特发现了另一条这样的曲线。这些曲线太复杂而无法画出来,而即使能画出来,它们可能看上去就像下面左图的实心黑方块。数学家通过迭代的方程式来定义空间填充曲线:每一次迭代生成更多、更精细的曲折。下面右图显示了通过这种方法生成希尔伯特曲线的第五步。

希尔伯特的空间填充曲线及其一个逼近

维基百科上有一个极佳的动画,显示了希尔伯特曲线的连续构造过程(参见:en.wikipedia.org/wiki/Hilbert_curve)。类似的曲线可以填充立方体,以及事实上,立方体在任意维数上的类比。因此,类似这样的例子迫使数学家重新思考比如"维数"等基本概念。空间填充曲线也被作为某种利用计算机检索数据库的有效方法的基础。

❧ 误打误撞 ❧

老师给学生出了一道题，要求计算三个正整数（这里的"正"意味着大于零）的乘积。下课后，两位同学对答案。

"糟糕，我将这三个数相加了，而不是将它们相乘。"乔治说。

"那这次你走运了，"亨丽埃塔说，"无论哪种算法，答案都一样。"

这是哪三个数？如果是两个数，或者四个数，它们的和等于它们的积，那么它们分别又是多少？

详解参见第265页。

❧ 方轮子 ❧

我们很少见到方轮子，但这并不是因为这样的轮子转不起来，而只是因为没有合适的起伏路面。圆轮子在平地上如鱼得水。而对于方轮子，你需要一种不同形状的路面：

方轮自行车能在这种起伏的路面上平稳行进

事实上，所需的正确形状是摆线——当一个圆沿一条直线运动时，圆上一定点所形成的轨迹。摆线的每道拱的长度必须与方轮子的周长相等。事实证明，只要有合适的路面，几乎任何形状的轮子都能正常行进。重新发明轮子并不难。重要的是重新发明路面。

为什么不能除以零？

一般而言，任何数都能除以任何其他数——除了除以零。"除以零"是被禁止的；如果你硬要这样做的话，甚至计算器也会给出错误提示。那么为什么不能除以零呢？

困难之处不在于我们无法**定义**除以零。我们可以认为，比如任何数除以零都等于42。但问题在于，我们无法作出这样的定义，而同时又让所有的算术运算法则正常运作。在采用这种显然很愚蠢的定义后，我们可以从1/0=42开始，应用标准的运算法则推断得出1=42×0=0。

不过在担心除以零的问题之前，我们需要先就希望除法遵循的运算法则达成一致。除法通常作为乘法的逆运算被引入。6除以2等于几？它等于乘以2得6的数，也就是3。因此，下面两个式子在逻辑上是等价的：

$$6/2=3 \text{和} 6=2×3$$

并且3是这里唯一有效的数，所以6/2是无歧义的。

不幸的是，这种方法在我们尝试定义除以零时会遇到大问题。6除以0等于几？它等于乘以0得6的数。也就是……糟糕，**任何数乘以0都得0，无法得到6。**

因此6/0不被允许。其他数也是如此，或许除了零本身？0/0会怎样？

通常，如果将一个数除以它本身，你会得到1。因此，我们似乎可以定义0/0=1。而0=1×0，所以与乘法的关系也成立。然而，数学家坚持认为0/0说不通。他们担心的是另一条算术运算法则。假设0/0=1，则

$$2=2×1=2×(0/0)=(2×0)/0=0/0=1$$

真糟糕。

这里的主要问题在于，由于任何数乘以0都得0，我们可以推断得出0/0可以等于任何数。如果算术运算法则成立，并且除法是乘法的逆运算，那么0/0可以取任何数值。它不是唯一的，所以最好避而远之。

等等——不是说，如果除以零，你会得到**无穷**吗？

确实，数学家有时会使用这种约定。但当他们这么做时，他们需要很小心地检查自己的逻辑，因为"无穷"是不好把握的概念。它的意义取决于上下文，并且更具体地，你不能把它当成一个普通的数那样看待。

而且即使在无穷说得通的情况下，0/0仍然会让人头疼不已。

过河问题 2——妒忌的丈夫

还记得阿尔昆写给查理曼的信（参见第19页）以及其中的狼-山羊-圆白菜谜题吗？这封信里还提到了另一个更复杂的过河谜题，题目可能由圣比德在大约五十年前提出。克劳德·加斯帕尔·巴谢·戴梅齐利亚克在1612年的《关于数的有趣问题》一书中收录了这个问题，并将之改编成一个关于妒忌的丈夫的谜题，使这个问题广为人知。

谜题大致如下。三位妒忌的丈夫与他们的妻子必须过一条河，他们只找到一条小船，船上没有船夫。这条船一次只能容纳两个人。他们如何才能过河，使得没有妻子会在丈夫不在的情况下与其他男人在一起？

男人和女人都可以划船。所有丈夫都妒忌多疑：他们不放心让妻子在自己不在场时与另一个男人在一起，**哪怕另一个男人的妻子也在场**。

详解参见第266页。

为什么你偏偏是博罗梅奥呢？

　　三个环可以这样相连，使得只要打开其中任意一个环，剩下两个环就会分开。也就是说，没有两个环是连在一起的，整套三个环才是连在一起的。这种排列一般被称为**博罗梅奥环**，得名自意大利文艺复兴时期的博罗梅奥（Borromeo）家族，他们曾用它作为家族徽章。然而，这种排列其实要古老得多，在七世纪的维京人遗物中便已有发现。即使在文艺复兴时期的意大利，斯福尔扎家族也使用在前；后来弗朗切斯科·斯福尔扎允许博罗梅奥家族在他们的纹章中用这种环，以感谢他们在守卫米兰城中提供的支持。

博罗梅奥家族的徽章及其在纹章中的使用（下部中间偏左处）

　　在意大利北部马焦雷湖中有一座贝拉岛，是博罗梅奥家族拥有的三个岛之一，上有一座由维塔利亚诺·博罗梅奥建造的17世纪巴洛克式宫殿。在宫殿内外随处可见这样的徽章。细心的观察者（比如一位拓扑学家）会发现，这里刻画的环的几种连接方式其实在拓扑上不等价，其中只有一种具有没有两个环连在一起而整套三个环却连在一起的关键性质。

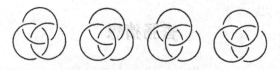

博罗梅奥家族宫殿里的四种博罗梅奥环变体

上图中的第一种是标准版，见于一块地板以及花园中的一个花纹。第二种见于参观门票以及花园中的部分花盆。第三种见于主楼梯尽头的纹章的冠饰。第四种见于用贝壳装饰的地下洞穴的地板。

观察这四种变体，解释为什么它们是拓扑不等价的。

你能否用四个环做出类似的排列，使得打开任意一个环则其余三个环会分开，但四个环连到一起却无法解开？

详解参见第266页。

✎✎ 算个百分比 ✎✎

阿尔菲买了两辆自行车。他把其中一辆以300英镑的价格卖给了贝蒂，亏了25%，又把另一辆以同样300英镑的价格卖给了杰玛，赚了25%。总的来看，他是不赚不亏吗？如果答案是否定的，他是赚了还是亏了，并且赚了多少或亏了多少？

详解参见第267页。

✎✎ 人分几种 ✎✎

世界上有10种人：那些懂二进制的人，以及那些不懂二进制的人。

香肠猜想

这是我最喜欢的未解数学问题之一，并且它绝对怪异，相信我。

作为热身，假设你要把平面上许多相同的圆打包，要求用尽可能短的曲线将它们紧紧包在一起。对于七个圆，你可以试着包成长条"香肠"：

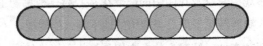

包成香肠状

但假设这次你要使曲线内的整个**面积**（包括圆以及圆与圆之间的空隙）尽可能小。如果每个圆的半径为1，则香肠的面积是27.141。但还有一种更好的打包圆的方式，即包成中间一个圆、外面六个圆的六角形。这时其面积是25.533，比香肠的面积更小。

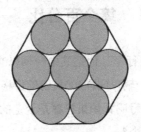

包成六边形

有趣的是，如果把圆替换成相同的球，并用面积尽可能小的曲面将它们紧紧包在一起，则对于七个球，长条的香肠状比六边形的体积要小。只要不超过56个球，这种香肠模式包出的体积都是最小的。但对于57个及以上的球，体积最小的排列方式会更圆一些。

在四维或更高维数下，情况就没有那么直观。对于低于50 000个的任意个四维球体，将球体紧紧包在一起并给出最小四维"体积"的排列是香肠状。但对于100 000个四维球体，香肠状就**不是**最佳选择。因此，为了包出最小体积，需要用到一长细串球，直到四维球体数目实在太多。尚没人知道这个数目要到多少，香肠状才不是最佳选择

真正有趣的变化**很可能**出现在五维。你可能会猜测，对于五维，香肠状是最佳选择，直到包裹的球体到，比如500亿个，然后某种更圆一点的形状会包出更小的五维体积；而对于六维，类似的临界点会出现在，比如29恒河沙个，诸如此类。但在1975年，拉斯洛·费耶什·托特提出了**香肠猜想**：在五维或更高维数下，最小体积的包裹球的方法总是香肠状，而不论所包的球体数目有多大。

1998年，乌尔里希·贝特克、马丁·亨克和约尔格·威尔斯证明了，对于任何大于或等于42维的情况，托斯的猜想都是正确的。到目前为止，这是我们所能得到的最好结果。

愚人结

这个把戏将教你打出一种别人怎么都学不来的装饰性的结。不论你将打结的方法演示多少次，他们似乎总是无法成功重复这一过程。

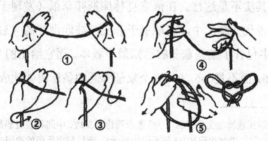

打愚人结的步骤

取一根长约两米的软绳，按图1所示的样子搭在手掌上，手掌之间的距离约为半米。让绳子的两个长端自然垂落，以平衡手掌之间的那段

绳子。接下来慢慢将两只手合在一起，并在这一过程中摆弄右手的手指。摆弄手指与打结没有任何关系，但它们是障眼法，避免让观众注意到你左手上的重要动作。尽可能让人觉得你右手的动作是有目的的。

在左手这边，首先将大拇指伸到绳子下面，并把它挑起来，然后把其他四个手指快速绕到垂落一端的后面，如图2中的箭头所示。然后不要停顿，把四个手指再绕到在中间一段的前面，如图3中的箭头所示，并抽出大拇指。现在绳子应该在图4所示的位置。最后，靠近两只手，分别用食指和中指夹住垂落的另一端，如图5所示，然后双手往外拉，并抓住垂落的一端。拉紧后，一个可爱的对称的结就出现了。

反复练习，直到你可以一气呵成。只要拉动绳子的两端，结就会自然解开，因此可以反复尝试。

新基数词

"在此，要有智慧：让有悟性的人解开兽的数目吧，因为这是一个人的数字，那数字是六百六十六。"《启示录》13:18如是说。

但也许其实不是这样。在俄克喜林库斯莎草纸（发现于上埃及俄克喜林库斯的古代文献）中，有成书于公元三或四世纪的《启示录》的部分片段，其中包含了某些章节的已知最早版本。而它给出的"兽"（撒旦）的数目是616，而不是666。666这个象征邪恶的条形码就此成为过去。* 不

---

* 一些美国原教旨主义者声称，一些条形码恰好左边、中间和右边都是两道黑条夹一道白空，其二进制编码101在条形码中表示6，所以超市所用的通用产品代码中暗含数666，因而条形码是撒旦的伎俩。但事实上，这些竖条有着完全不同的功能，分别是表示起始、分割和终止的符号。而在真正的条形码中，每个数字信息是用七位二进制代码表示的，所以6其实是1010000。由于兽的数目现在来看实际上是616，看来数秘术也不可靠。

过没关系，我们这里讨论的谜题不是关于兽的数秘术（numerology），而是关于，按照其提出者李·萨洛斯的说法，"新基数词"（new merology）。我还是要强调，除了作为一个数学问题，他的提议没有别的什么深意。[*]

一种为英语单词赋值的方法是设A=1, B=2, ..., Z=26，然后将其中每个字母对应的数相加。而对于表示数的基数词，萨洛斯提出了一种更合理的方法。例如，采用上述赋值方式，对应于ONE的数是15+14+5=34。然而，对应于ONE的数显然应当是1。但事实上，**没有**哪个英语基数词与其对应的数相等。名实相副的基数词可以被称为"完美"基数词。

萨洛斯想知道，如果为每个字母赋予一个整数，使得尽可能多的基数词ONE、TWO等是完美基数词，情况又会怎样。为了使问题变得有趣，必须为不同字母赋予不同的值。这样你会得到一大堆类似这样的方程：

$$O+N+E=1$$
$$T+W+O=2$$
$$T+H+R+E+E=3$$

其中字母O、N、E、T、W、H、R等是未知数，其值各不相同。

方程O+N+E=1告诉我们某些字母必定为负数。例如，假设E=1, N=2，则根据ONE的方程可知O=-2，又由其他类似的方程（NINE和TEN）可知I=4, T=7，所以W=-3。为了使THREE成为完美基数词，我们还必须给H和R赋值。如果H=3，则R必须是-9。FOUR涉及两个新字母F和U。若F=5，则U=10。现在F+I+V+E=5，可得V=-5。由于SIX包含两个新字母，所以我们先试SEVEN，从中可知S=8。填入SIX中，我们得到X=-6。EIGHT的方程给出G=-7。现在从ONE到TEN的所有基数词都是完美的了。

ELEVEN和TWELVE的唯一一个新字母是L。只需设L=11，它们便都是完美的。但T+H+I+R+T+E+E+N=7+3+4+(-9)+7+1+1+2=16，我们被卡住了。

事实上，我们总是会在这里卡住：如果THIRTEEN是完美的，则

$$THREE+TEN=THIRTEEN$$

从两边消去相同的字母，我们得到E=I，但这有违为不同字母赋予不同值。

不过，我们可以另辟他径，尝试使ZERO以及从ONE到TWELVE都是完美基数词。若使用之前的设定，根据Z+E+R+O=0可得Z=10，但它与U的值一样。

你能找出一种不同的赋值方式，为不同字母赋予不同的或正或负的整数值，使得从ZERO到TWELVE都是完美基数词吗？

详解参见第267页。

拼出基数词

李·萨洛斯还将新基数词应用到了魔术，发明出下面的小魔术。在下图所示的板上任选一个数，将它逐个字母地拼出，并将相应的数加在一起（减去黑格中的数，加上白格中的数），所得结果总是正负你当初选的数。例如，拼出TWENTY-TWO，得到20−25−4−2+20+11+20−25+7=22。

E 4	I 17	N 2	S 16
L 24	F 9	T 20	R 6
W 25	U 12	G 22	O 7
V 1	X 27	Y 11	H 3

李·萨洛斯的魔术板

༄ 拼写错误 ༄

"Thare are five mistukes im this centence."
上面这句话是真是假？
详解参见第268页。

༄ 膨胀的宇宙 ༄

太空船"无助号"从一个半径为1000光年的球状宇宙的中心出发，以每年1光年的速度（即以光速）径直往外飞行。那它飞抵宇宙的边缘需要多长时间？很显然，1000年。不过我忘记了告诉你，这个宇宙正在膨胀，其半径每年膨胀恰好1000光年。现在，它需要多长时间才能飞抵宇宙的边缘？（假设第一次这样的膨胀恰好在"无助号"开始航行一年后发生，而且后续的膨胀恰好时隔一年发生一次。）

可能看上去"无助号"永远无法飞抵边缘，因为后者退行的速度远远比前者移动的速度快得多。然而在宇宙膨胀的那一瞬间，飞船随着其所在的空间发生移动，所以它离中心的距离也同比例发生膨胀。为了清楚说明这一点，不妨让我们来看一下在头几年里发生了什么。

在第一年里，飞船飞行了1光年，剩下999光年的路程。然后宇宙的半径瞬间膨胀到2000光年，飞船也随之移动。因此，这时它离中心有2光年，还剩下1998光年。

在第二年里，它又飞行了1光年，这时共飞行了3光年，还剩下1997光年。然后宇宙的半径膨胀到3000光年，膨胀了1.5倍。因此，这时飞船离中心4.5光年，剩下的路程增加到2995.5光年。

那么飞船能不能飞抵边缘？如果能，需要多长时间？

提示：知道这一点可能会有帮助，即第n个调和数

$$H_n = 1 + 1/2 + 1/3 + 1/4 + \cdots + 1/n$$

约等于

$$\log n + \gamma$$

其中γ是欧拉常量，约等于0.577 215 664 9。

详解参见第268页。

什么是黄金比例？

古希腊几何学家发现了一个有用的概念，他们称为"中末比"。它说的是，将线段AB分成两段AP和PB，使得恰好AP与AB之比等于PB与AP之比。欧几里得在讨论正五边形时便用到了这一构造，我后面很快就会说到。不过首先，既然相较于古人，我们现如今还拥有了代数工具，不妨让我们将几何构造转变成代数式。设PB的长度为1，AP=x，则AB=$1+x$。然后需要满足的条件为

$$\frac{1+x}{x} = \frac{x}{1}$$

因此，$x^2 - x - 1 = 0$。这个二次方程的解为

$$\varphi = \frac{1+\sqrt{5}}{2} = 1.618\,034\cdots$$

以及

$$1 - \varphi = \frac{1-\sqrt{5}}{2} = -0.618\,034\cdots$$

这里符号φ是希腊字母斐。数φ（称为**黄金比例**）具有一个很好的性质，即其倒数

$$\frac{1}{\varphi} = \frac{-1+\sqrt{5}}{2} = 0.618\ 034\cdots = \varphi - 1$$

黄金比例（以"中末比"的几何形式）是古希腊几何学家关于正五边形及其相关的正多面体（比如正十二面体和正二十面体）的研究的起点。两者的联系是：如果绘制一个边长为1的正五边形，则其对角线长为φ：

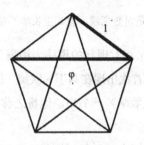

φ如何出现在正五边形中

黄金比例经常被与美感联系在一起：具体地，边长之比为φ:1的矩形被认为是"最美的"。但支持这种论断的实际证据很薄弱。此外，很多呈现数据的手段夸大了黄金比例的作用，使得从原本毫无关联的数据中"挖掘"出黄金比例的踪影总是可能的。类似地，声称胡夫金字塔或者帕台农神庙等知名古建筑的设计使用了黄金比例也很可能缺乏根据。毕竟就像所有的数秘术，只要你足够用力，你总是能找到任何你想要的。（因此，Parthenon有八个字母，Khufu有五个字母，所以8/5=1.6，非常接近于φ。*）

另一个常见误解是认为鹦鹉螺壳中存在黄金比例。这种美丽的壳确切说其实是一种对数螺线——转过一定角度后，曲线上的点离中心的距离便乘以一个固定的比例。而对于有一类对数螺线，这个固定比例等于黄金比例。不过，鹦鹉螺壳中观察到的比例并**不是**黄金比例。

---

* 好吧，Parthenon确实有九个字母，但刚才我差点蒙混过去了吧。而且1.8也比其他许多类似的例证更接近于φ。

鹦鹉螺壳是对数螺线，但其生长率不是黄金比例

"黄金比例"是一个相对现代的说法。根据历史学家罗杰·赫茨-菲施勒的研究，这一说法首次出现在马丁·欧姆（格奥尔格·欧姆的弟弟）1835年出版的《初等纯数学》一书中，他将之称为黄金分割。在古希腊没有这种说法。

黄金比例与下面将要介绍的著名的斐波那契数密切相关。

什么是斐波那契数？

很多人第一次遇到斐波那契数是在丹·布朗的畅销书《达·芬奇密码》中。这些数有着一段悠久而光辉的数学史，但都与那本书中提到的内容风马牛不相及。

一切开始于比萨的莱奥纳尔多在1202年出版的《计算之书》。这是一部主要关注财务计算和旨在推广使用阿拉伯数字的算术教材。相较于当时使用的罗马数字，阿拉伯计数系统使用从0到9的十个数字表示所有数，无疑具有极大优势。

书中的一道练习题似乎是莱奥纳尔多自己想出来的。题目大意为："有人将一对兔子放在一个被墙圈起来的地方。如果每对兔子每个月生产一对小兔子，而小兔子在出生后第二个月就发育成熟，那么一年后那对兔子有多少对后代？"

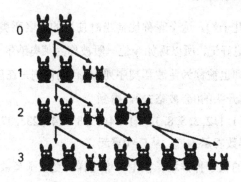

斐波那契兔子的家谱

不妨称能生产小兔子的一对兔子为成熟对，否则为未成熟对。

在一开始的第0个月末，我们有1个成熟对。

在第1个月末，一个成熟对生产了一个未成熟对。所以我们有1个成熟对和1个未成熟对——总数为2。

在第2个月末，一个成熟对生产了一个未成熟对，而一个未成熟对发育成熟，但没有生产小兔子。所以现在我们有2个成熟对和1个未成熟对——总数为3。

在第3个月末，两个成熟对生产了两个未成熟对，而一个未成熟对发育成熟，但没有生产小兔子。所以现在我们有3个成熟对和2个未成熟对——总数为5。

在第4个月末，三个成熟对生产了三个未成熟对，而两个未成熟对发育成熟，但没有生产小兔子。所以现在我们有5个成熟对和3个未成熟对——总数为8。

如此继续下去，对于第0, 1, 2, 3, ..., 12个月末，我们得到序列

1, 2, 3, 5, 8, 13, 21, 34, 55, 89, 144, 233, 377

其中，从第二项之后，每一项都是前两项之和。所以练习题的答案是377。

再后来，很可能是在18世纪中叶，莱奥纳尔多被昵称为斐波那契（意

为"博纳乔的儿子")。这个昵称比他当时使用的本名莱奥纳尔多·皮萨诺·比戈洛要更好记，所以现如今他一般被称为莱奥纳尔多·斐波那契，而他的数字序列也被称为斐波那契序列。现代的惯例是在序列开头加上0和1（尽管有时开头的0会被略去），得到

$$0, 1, 1, 2, 3, 5, 8, 13, 21, 34, 55, 89, 144, 233, 377$$

第n个斐波那契数表示为F_n，从$F_0=0$算起。

作为真实的兔子种群增长模型，像这样的斐波那契数并没有多少价值，尽管与此性质类似的一般过程，称为莱斯利模型，常被用来理解动物种群和人口的动态过程。然而，斐波那契数在几个数学领域中非常重要，并且也常出现在自然界中——尽管并不如通常声称的那样广泛。斐波那契数也据称出现在各种艺术，特别是建筑和绘画中，但对此的证据大都不是决定性的，除了它是被有意使用时——比如，在建筑师勒·柯布西耶的"模度"系统中。

斐波那契数与黄金比例有着密切关系，后者你应该还记得是

$$\varphi = \frac{1+\sqrt{5}}{2} = 1.618\ 034\cdots$$

随着数越来越大，相邻两个斐波那契数之比（比如8/5、13/8、21/13等）越来越接近于φ。或者按数学家的说法，当n趋于无穷大时，F_{n+1}/F_n趋于φ。例如，377/233=1.618 025…。事实上，对于给定范围内的整数，这些斐波那契分数给出了黄金比例的最佳近似值。甚至还有一个关于φ的第n个斐波那契数的公式：

$$F_n = \frac{\varphi^n - (1-\varphi)^n}{\sqrt{5}}$$

这个公式暗示了F_n是最接近于$\varphi^n/\sqrt{5}$的整数。

如果你以斐波那契数为边长构造正方形，那么这些正方形可以严丝

合缝地拼凑在一起，并且你可以通过在各个正方形中绘制四分之一圆来构造出一条优雅的**斐波那契螺线**。由于F_n接近于φ^n，所以这条螺线非常接近于一条每转过四分之一圈、离中心的距离便增长φ的对数螺线。但与很多人声称的相反，这条螺线与鹦鹉螺壳的形状并不相同。比较一下第96页的图，鹦鹉螺壳的螺线要缠绕得更紧。

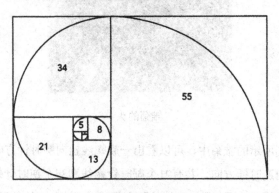

斐波那契螺线

不过，在植物中确实有许多斐波那契数存在的真实因而也是惊人的例子。出人意料多花的花瓣数都是斐波那契数。百合花有3枚花瓣，毛茛5枚花瓣，翠雀花8枚花瓣，金盏花13枚花瓣，紫菀21枚花瓣。大多数雏菊有34、55或89枚花瓣。向日葵常常有55、89或144枚花瓣。

其他花瓣数也存在，但不那么常见。而且它们其中大多是斐波那契数的两倍或2的幂次倍。有时这些花瓣数则取自相关的**卢卡斯序列**：

$$1, 3, 4, 7, 11, 18, 29, 47, 76, 123, \ldots$$

其中同样地，从第二个数起，每个数是前面两个数之和，只是序列的起始数不同。

之所以出现的是这些数，背后似乎有实实在在的生物学原因。最强有力的证据可见于雏菊和向日葵的种子。它们的种子排列成了螺线模式：

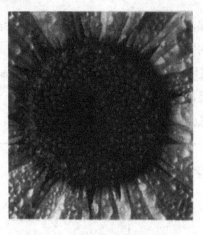

雏菊的头

在上图所示的雏菊中，可以看出一族螺线扭向顺时针方向，另一族螺线则扭向逆时针方向。共有21个顺时针螺线和34个逆时针螺线——这是两个连续的斐波那契数。类似的数字模式（也涉及连续的斐波那契数）还可见于松果和菠萝。

斐波那契数出现在植物中的确切原因仍未有定论，尽管对此我们已经了解不少。随着植物嫩芽的生长，其中陆续出现了一个个顶端分生组织（种子及花的其他关键组成便是由它们分裂分化而来的）。相继两个分生组织构成了一个137.5度的角，或者用360度减去这个角，从另一个方向就看是222.5度，而后者正是360/φ。如果我们假设分生组织要尽可能有效率地密布在一起，那么这里出现黄金比例的身影在数学上是自然而然的。反过来，有效率地密布在一起是生长中的嫩芽的全潜能性的一个后果。这其中还涉及植物的遗传学。当然，现实中的很多植物并不是完全遵照理想的数学模式生长的。但不论如何，斐波那契序列相关的数学和几何学为我们理解植物的这些数字特征提供了深刻的洞见。

塑性数

相较于鼎鼎大名的黄金比例，塑性数就没有那么知名了。我们刚才看到利用以斐波那契数为边长的正方形可以构造出一条与黄金比例相关的螺线。利用塑性数也可以构造出一条类似的螺线，不过它借助的是等边三角形。在下图中，初始的三角形用黑色标出，其他三角形依次按顺时针方向形成螺旋状，而其中所示的螺线同样是条对数螺线。为了使形状能严丝合缝地拼凑在一起，前三个三角形的边长都是1。接下来两个三角形的边长为2，然后边长依次为4, 5, 7, 9, 12, 16, 21等。

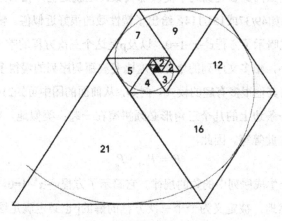

帕多文螺线

跟斐波那契数类似，这些数也遵循一个简单的规则：序列中的每个数是前面第二个数和第三个数之和，中间**隔了一个**。例如，

$$12=7+5, 16=9+7, 21=12+9$$

这个模式源自等边三角形拼凑的方式。如果令 P_n 为第 n 个帕多文数（从 $P_0=P_1=P_2=1$ 算起），则

$$P_n=P_{n-2}+P_{n-3}$$

这个序列的前20项为：

$$1, 1, 1, 2, 2, 3, 4, 5, 7, 9, 12, 16,$$
$$21, 28, 37, 49, 65, 86, 114, 151$$

我称它们为"帕多文数"，因为它们是由建筑师理查德·帕多文（Richard Padovan）告诉我的，尽管他否认自己是最早的发现者。有趣的是，意大利北部有座城市名叫帕多瓦（Pádova，英语中常写为Padua），而斐波那契来自约一百英里外的比萨。所以我曾有意将斐波那契数重命名为"比萨数"以强调意大利的地理，但正如你所见，我还是控制住了自己。

塑性数（plastic number），我用p表示，其值约为1.324 718。它之于帕多文数就如同黄金比例之于斐波那契数。也就是说，相邻两个帕多文数之比，比如49/37或151/114，给出了塑性数的很好近似值。帕多文序列的上述模式暗示了方程$x^3-x-1=0$，以及p是这个三次方程的唯一实数解。由于p比φ小，帕多文序列的增加速度比斐波那契序列的慢得多。帕多文序列中还有其他很多有趣的模式。例如，从前面的图中可知21=16+5，因为贴在同一条边上的几个三角形必须拼凑在一起；类似地，16=12+4，12=9+3，如此等等。因此，

$$P_n = P_{n-1} + P_{n-5}$$

这是另一个生成序列中的数的规律。它暗示了方程$x^5-x^4-1=0$，以及不那么一目了然地，被定义为一个三次方程的解的p也必定满足这个**五次方程**。

家族聚会

"昨晚的聚会很好玩。"露西拉对好友哈里雅特说。

"都有哪些人参加了？"

"嗯——有一位祖父、一位祖母、两位父亲、两位母亲、四位子女、三位孙子女、一位哥哥、两位妹妹、两位儿子、两位女儿、一位公公、一位婆婆，以及一位儿媳妇。"

"哇！有二十三人呢！"

"不，比这要少。少多了。"

这次聚会最少来了几人，才能符合露西拉的描述？

详解参见第269页。

ℰℯ 不松手！ ℯℰ

拓扑学是数学的一个分支。在拓扑学中，如果一个形状可以通过连续变换变成另一个形状，则这两个形状"相同"，或者说拓扑等价。你可以将其弯曲、拉伸、压缩，但不能剪断。这个经典的拓扑概念仍能引发人们的惊叹——特别是，并不是所有人都亲眼见证过。你需要做的只是取一段绳子，左手握住绳子一端，右手握住另一端，然后**不松手**在绳子上打一个结。

详解参见第269页。

ℰℯ 定理：所有数都是有趣的 ℯℰ

证明：利用反证法，假设此命题不成立，则有一个最小的无趣之数。但作为无趣之数中最小的一个，它因此与众不同，从而是有趣的了——出现矛盾。

✆ 定理：所有数都是无趣的 ✆

——利用反证法，假设此命题不成立，则有一个最小的有趣之数······
——但谁在乎呢？

✆ 最常出现的数字 ✆

如果你查看某个数据列表，并统计给定一个数字作为数据的**首位数字**出现的频率，则最常出现的是哪个数字？一个容易想到的猜测是，每个数字出现的频率相同。但事实证明，对于大多数数据，这是错误的。

下面是一套典型的数据——巴哈马群岛中18个岛屿的面积。我分别给出了它们的平方英里数据和平方公里数据，原因我将在稍后解释。

岛　　屿	面积（平方英里）	面积（平方公里）
阿巴科	649	1681
阿克林	192	497
贝里群岛	2300	5957
比米尼群岛	9	23
卡特群岛	150	388
克鲁克德岛和长岛	93	241
伊柳塞拉	187	484
埃克苏马群岛	112	290
大巴哈马	530	1373
哈伯岛	3	8
伊纳瓜	599	1551
长岛	230	596
马亚瓜纳	110	285
新普罗维登斯	80	207

（续）

岛　　屿	面积（平方英里）	面积（平方公里）
拉吉德岛	14	36
拉姆岛	30	78
圣萨尔瓦多	63	163
西班牙韦尔斯	10	26

对于平方英里数据，给定一个数字（见括号内）的出现次数分别如下：

(1) 7　(2) 2　(3) 2　(4) 0　(5) 2　(6) 2　(7) 0　(8) 1　(9) 2

其中1的出现次数最多。在用平方公里表示的数据中，相应的值为：

(1) 4　(2) 6　(3) 2　(4) 2　(5) 2　(6) 0　(7) 1　(8) 1　(9) 0

现在则是2的出现次数最多，但差距不大。

1938年，物理学家弗兰克·本福德注意到，对于足够长的数据列表，物理学家和工程师最常遇到的首位数字是1，最不常遇到的首位数字是9。给定一个数字出现在数的首位的频率，随着数字从1到9的递增而**递减**。本福德根据经验数据发现，遇到数字n为十进制数的首位的概率为

$$\log_{10}(n+1) - \log_{10}(n)$$

其中下标10表示对数以10为底数。（n=0被排除在外，因为根据定义，首位数字为第一个**非零**数字。）本福德称这个公式为反常数定律，不过如今人们一般都称其为**本福德定律**。

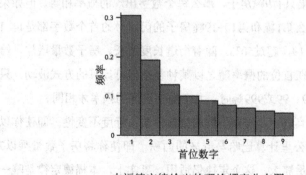

本福德定律给出的理论频率分布图

对于巴哈马群岛数据，其频率分布图大致如下：

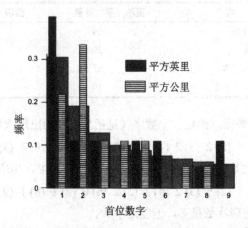

对比巴哈马群岛数据的实际分布与本福德定律的理论分布

在理论分布与实际分布之间存在一定差异，但考虑到这里的数据集相当小，出现这种情况并不意外。但即使只是18个数，1和2的优势也很明显（根据本福德定律，它们加起来的次数应将近总数的一半）。

本福德定律并不直观，但我们只需稍微思考一下就可以意识到，九个数字出现的频率不太可能相同。试考虑一条街道上的房子，从1起连续编号。给定一个数字出现在门牌号首位的概率，与街道上房子的数量有相当大关系。如果只有9幢房子，那么每个数字出现的概率相等。但如果有19幢房子，那么第1幢和第10—19幢房子的门牌号的首个数字都是1，1出现的频率是11/19，超过50%。随着街道长度增长、房子数量增加，给定一个数字出现在首位的概率随之以某种复杂但可计算的方式波动。**只有当房子数量为9、99或999等时，九个数字出现的频率才相同。**

本福德定律具有一个与众不同的很好性质：**标度不变性**。即使你以平方英里或平方公里计算巴哈马群岛的面积，即使你将房子数量乘以7或93，只要样本足够大，这个定律仍适用。事实上，本福德定律是**唯一**

的标度不变的频率定律。尚不清楚为什么大自然偏爱标度不变的频率，但自然界不应当受到人类所选择的度量单位的影响，这似乎很合理。

税收工作人员会利用本福德定律查找纳税申报表格中的伪造数据，因为人们在伪造数据时往往倾向于以相同的频率使用首位数字。很可能是因为他们以为真实数据应该如此吧！

为什么这条曲线被称为女巫？

玛丽亚·阿涅西生于1718年，卒于1799年。她是一位富有的丝绸商人彼得罗·阿涅西（经常被误传为博洛尼亚大学的一位数学教授）的女儿，是他21个孩子中的长女。玛丽亚是个早慧的孩子，在九岁时就发表了一篇支持妇女接受高等教育的文章。虽然文章实际上是由她的一位家庭教师写的，但她将其翻译成了拉丁文，并在家庭花园举办的一次学术聚会上靠记忆宣读了这篇文章。他父亲还安排她在有声望的学者和公众人物面前讨论哲学问题。然而她不喜欢这种公众表演，请求父亲允许她成为一位修女。他的父亲显然无法同意这一请求，作为交换，只好同意她可以随时去教堂，穿着简单的衣服，并免于参加各种公共和娱乐活动。

玛丽亚·阿涅西

从此以后，玛丽亚潜心研究宗教和数学。她写了一本关于微分学的书，并在1740年左右自费出版。1748年，她出版了自己最著名的著作《写给意大利年轻人的分析基础》。1750年，教皇本笃十四世邀请她出任博洛尼亚大学的数学教授。她正式得到了任命，但实际上并没有到任，因为这会让她无法继续过朴素的生活。因此，后来的有些材料说她是一名教授，而有些又说她不是。那么到底是不是呢？答案是肯定的。

有一条著名的曲线，称为"阿涅西的女巫"，其方程为

$$xy^2=a^2(a-x)$$

其中a是常数。但这条曲线明显**不像**一个女巫——顶上甚至都没有尖角：

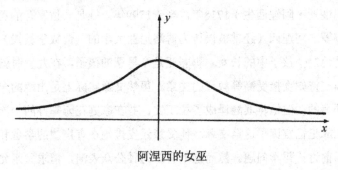

阿涅西的女巫

那么这个奇怪的名字如何就跟这条曲线扯上了关系呢？

费马在约1700年第一个讨论了这条曲线。后来玛丽亚·阿涅西在她的《分析基础》中也提到了这条曲线。其实"女巫"一词是个翻译错误。1718年，圭多·格兰迪将这条曲线命名为versoria——这是个拉丁语，意为牵帆的绳子，因为整条曲线看上去就像这样子。在意大利语中，对应的词是versiera，这也是阿涅西的叫法。但约翰·科尔森在将一些数学书翻译成英语时误将la versiera看成了l'aversiera，而后者意为女巫。

情况本可能更糟糕。l'aversiera还有另一个义项，那就是女魔鬼。

莫比乌斯与莫比乌斯带

有些数学知识还是值得反复提及，哪怕它们已经"众所周知"——只是以防万一。其中一个典型的例子就是莫比乌斯带。

奥古斯特·莫比乌斯是一位德国数学家，生于1790年，卒于1868年。他曾涉足多个数学领域，包括几何学、复分析以及数论，但主要因那个有着奇妙表面的**莫比乌斯带**而为人所知。你可以亲自做出莫比乌斯带。取一条纸带，比如两厘米宽、二十厘米长，然后弯曲这条纸带，使首尾两端相互靠近，最后将一端扭转180度，并将两端粘在一起。为了作对比，不妨以同样的方式做出一个没有扭转的圆柱面带。

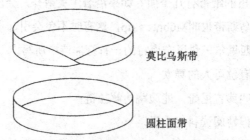

莫比乌斯带

圆柱面带

莫比乌斯带因一个令人惊讶的特性而为人所知：它只有一个面。如果一只蚂蚁在圆柱面带上爬，它只能爬遍一半的表面——它所在的那一面。但如果蚂蚁在莫比乌斯带上爬，它就可以爬遍整个表面，因为莫比乌斯带只有一个面。

你可以通过为带着色来检验这些说法。对于圆柱面带，你可以一面涂上红色，另一面涂上蓝色，两个面是截然不同的，哪怕它们只有一纸厚度之隔。但如果你开始为莫比乌斯带涂上红色，一直往前涂，直到没剩下空白，则最终**整条带**都会被涂上红色。

回顾一下刚才莫比乌斯带的做法，这也就没有那么令人惊讶了，因为扭转180度正好将原来纸带的两个面连在了一起。如果在粘合之前没有

扭转，两个面就仍然是独立的。但在莫比乌斯（及其他一些人）想到这
个主意之前，数学家并没有太注意区分两种不同的表面：有两个面的表
面以及只有一个面的表面。事实证明，这个区分在拓扑学上很重要。这
一故事也表明，在作出一些"显而易见"的假设时要多么小心。

莫比乌斯带有很多玩法。下面试举三例。

- 如果用剪刀沿着圆柱面带的中央将其剪开，它会分成两个圆柱面
  带。而如果这样剪莫比乌斯带，情况又会怎样呢？

- 同样用剪刀剪，但这次是沿着宽度的1/3处剪开。圆柱面带和莫比
  乌斯带分别会发生什么？

- 做出一个类似莫比乌斯带的纸带，不过这次要扭转360度。这样
  做出的纸带有几个面？如果沿着中央剪开，会出现什么情况？

莫比乌斯带也叫Möbius strip，这有时不免会引起误解，就像在科幻
小说作家西里尔·科恩布卢特的一首打油诗中所写：

> 有位可人的舞女
>
> 叫弗吉尼娅，能边跳边解拉链；
>
> 但她阅读科幻小说，
>
> 并不幸被衣服闷死，
>
> 在跳莫比乌斯脱衣舞时。

还有一首打油诗更政治正确，却不小心泄漏了之前一个问题的答案：

> 数学家信誓旦旦说，
>
> 莫比乌斯带只有一个面。
>
> 如果你将它从中间剪开，
>
> 你肯定会发笑，
>
> 因为它仍然是一整条。

详解参见第270页。

老笑话一则

——鸡为什么要穿过莫比乌斯带？

——为了到另一……

另外三道脑筋急转弯

(1) 如果五条狗五天可以挖五个洞，那么十条狗挖十个洞需要几天？假设所有狗始终以相同的速度在挖，并且所有洞的大小一样。

(2) 一个女人在宠物商店买了一只鹦鹉。总是说真话的店员告诉她："我保证，这只鹦鹉听到什么就会重复什么。"一星期后，女人提着这只鹦鹉又来到店里，抱怨它一个字都没有说过。店员半信半疑地问道："有人跟它说过话吗？"女人答道："当然，说了。"那这件事该如何解释？

(3) 受诅星系的Nff-Pff行星上生活着两个智慧生物：Nff和Pff。Nff住在一片宽广的大陆上，陆地中间有一个巨大的湖。Pff住在湖心的一个岛屿上。Nff和Pff都不会游泳，也不会飞，更不会瞬间移动；他们唯一的通行方式是在地面上行走。然而每天早上，Nff和Pff会到对方家里吃早餐。请解释原因。

详解参见第270页。

密铺之种种

通过实际的瓷砖，浴室墙壁和厨房地板给出了密铺模式的日常例子。最简单的模式由大小相同的正方形瓷砖构成，瓷砖之间像国际象棋棋盘的格子那样交错。千百年来，数学家和艺术家发现了很多漂亮的密铺模式，但数学家更进一步，试图找到具有特定性质的所有可能的密铺模式。

例如，只有三种正多边形可以铺满无穷大的整个平面。也就是说，该图案的无穷个副本可以覆盖整个平面，既没有留下空隙，也没有相互重叠。这三种正多边形分别是等边三角形、正方形和正六边形：

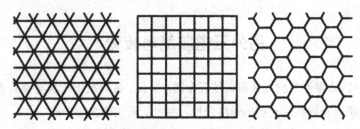

能够铺满整个平面的三种正多边形

我们之所以敢打包票说没有其他正多边形能铺满整个平面，是因为考虑到瓷砖两边所夹成的角度。如果几块瓷砖相交于一点，则这几个角度之和必须是360度。所以瓷砖每个角的角度等于360度除以一个整数，比如360/m。一方面，m越大，这个角度越小。另一方面，正多边形的边数越多，每个角的度数就越大。两相结合，就将m夹逼在了一个非常有限的范围内，而这反过来又限制了可能的正多边形。

具体来说，当m=1, 2, 3, 4, 5, 6, 7, …时，360/m分别取到360, 180, 120, 90, 72, 60, $51\frac{3}{7}$, …；而当n=3, 4, 5, 6, 7, …时，正n边形的角的度数分别为60, 90, 108, 120, $128\frac{4}{7}$, …。这两个列表的唯一重合之处是当m=3, 4, 6，以及相应地，n=6, 4, 3时。

事实上，上述证明稍微有点瑕疵。我忘记说了一个条件。什么条件？

从上面可知，正五边形无法铺满整个平面。当三块正五边形瓷砖相交于一点时，总的角度是3×108=324度，小于360度。而如果你尝试把四块正五边形瓷砖拼在一起，总的角度为4×108=432度，这又太大。

但**不规则**五边形可以铺满平面，并且还有数不胜数的其他形状也可以。事实上，已知有14种不同的凸五边形可以铺满平面。很有可能，但尚未得到证明，没有其他凸五边形可以铺满平面。这14种模式可参见网页：

www.mathpuzzle.com/tilepent.html

mathworld.wolfram.com/PentagonTiling.html

密铺的数学在晶体学中有着重要应用。晶体学研究的是原子在晶体中的排列方式以及可能的对称性。具体来说，晶体学家知道，原子的规则晶格可能具有的旋转对称性是受到严重限制的。存在二重、三重、四重和六重对称性（也就是说，如果将晶格旋转360度的1/2、1/3、1/4或1/6，原子的排列看上去跟原来的一模一样），但不存在五重对称性——就如同正五边形不能铺满平面一样。

人们也是一直这样认为的，直到1972年，罗杰·彭罗斯发现了一类新的密铺。他使用了两种类型的瓷砖，分别称为风筝和飞镖：

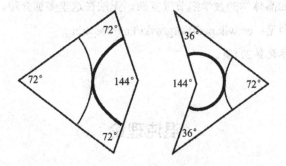

风筝（左）和飞镖（右）：根据匹配规则，大圆弧和小圆弧在任何连接处都要相接（参见下图）

这两种形状取自正五边形，并且在拼凑时要求遵循一定的"匹配规则"，以避免拼出重复的周期性模式。在这些条件下，这两种形状可以铺满整个平面，并且不是形成重复的模式，而是各种让人眼花缭乱的复杂模式。而其中两种模式（被称为星星和太阳）恰好具有五重旋转对称性。

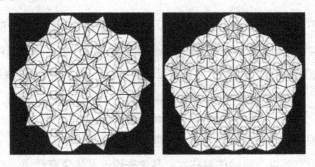

两种具有五重对称性的彭罗斯密铺（左图：星星模式；右图：太阳模式；灰线刻画了匹配规则，黑线是瓷砖的边）

后来人们发现，大自然早就知道了这一奥秘。有些化合物将其原子排列成彭罗斯模式来构成"准晶体"。这些物质构成形式不是规则晶格，但它们会在自然界中自然出现。所以彭罗斯的发现改变了我们对于准晶体中原子的自然排列的观点。

密铺和晶体学的数学细节很复杂，无法在这里多加介绍。要想了解更多，可参见：en.wikipedia.org/wiki/Penrose_tiling

详解参见第271页。

混沌理论

要想在朋友面前显得学问高深莫测，你需要能随口谈论混沌理论。你可以在不经意间提起蝴蝶效应，然后顺便谈到冥王星（它不再是行星，而只是矮行星）在两亿年后将位于何处，以及真正好用的洗碗机是如何工作的。

"混沌理论"是媒体为动态系统理论（描述系统根据一定规则随着时间而变化的数学）的一个重要新发现而起的名称。这个名称源自一类出人意料且相当有违直觉的现象，即确定性混沌。如果某个系统的当前状态完全决定了它的未来行为，该系统称为**确定性**的，反之则称为**随机**的。确定性混沌（一般简称为"混沌"）是指在一个确定性动态系统中表面看上去随机的行为。乍一看，这里的用语似乎是自相矛盾的，但其实情况非常微妙，并且事实证明，确定性系统的某些特征可以表现得很随机。

下面待我慢慢说来。

你可能还记得道格拉斯·亚当斯的《银河系漫游指南》对确定性概念的戏仿。不记得了？回想一下里面的超级计算机"深思"。当被问及关于生命、宇宙以及一切的一切的终极问题的答案时，它思考了750万年，最终给出的答案是42。提问题的人意识到他们自己实际上并不理解**问题**，所以需要一台威力更强大的计算机来提出问题。

"深思"是18世纪伟大的法国数学家拉普拉斯侯爵所设想的"大智能者"在文学上的体现。他注意到，被牛顿及其后继者用数学方式表示出来的自然定理是确定性的。他说："一个知晓在某一特定时刻驱动自然界运转的所有的力，以及构成自然界的所有事物的所有位置的智能者，如果这个智能者也足够大，能够将这些数据加以处理，那么它将得以用一个方程涵盖大至天体、小至原子的宇宙万端；对于这样一个智能者，没有什么是不确定的，过去与未来都将如同现在一样，在它面前一目了然。"

拉普拉斯实际上是在告诉我们，任何确定性的系统本质上都是可预测的——至少在理论上。然而在现实中，我们无从借助他所设想的这种大智能者，所以我们终究无法进行预测某个系统的未来所需的演算。好吧，其实要是我们运气好的话，我们还有可能做出短期预测的。例如，现代的天气预报已经能比较准确地预测一两天内的天气，但十天以上的长期天气预报就常常错得离谱。（如果预报对了，那也只是因为运气好。）

混沌现象则对拉普拉斯的设想提出了另一个质疑：即便他的大智能者存在，它也必须以**完美**的精度知晓"所有事物的所有位置"。在一个混沌系统中，关于当前状态的任何不确定性都将随着时间的推移而快速增长。因此，我们很快就会不知道系统都在做些什么。即使初始的不确定性出现在小数点后一百万位（前面的999 999位小数绝对正确），基于这个值所预测的未来也会完全不同于基于其他某个值所做的预测。

在一个非混沌系统中，这样的不确定性增长得相当缓慢，从而非常长期的预测可以被做出。而在一个混沌系统中，在测量当前状态时不可避免的误差**现在**意味着在稍晚一段时间后其状态可能是完全不确定的。

一个（略显人为的）例子或许可以帮助说明这一效应。假设某个系统的状态可以用在0到10之间的一个实数来代表。比方说，它的当前值是5.430 874。为了计算简便，假设时间以离散的间隔推移，比如1, 2, 3等。为明确起见，我们称这些时间间隔为"秒"。此外，假设系统变化的规则如下：为了求出"下一个"状态（一秒后的状态），你需要将当前状态乘以10，然后移除所有使结果大于10的首位数字。因此，当前值5.430 874变成54.308 74，然后移除首位数字，便得到下一个状态4.308 74。随着时间的推移，可预测出各个状态依次为：

5.430 874

4.308 74

3.087 4

0.874

8.74

7.4

现在再假设初始的度量不是十分精确，准确值应该是5.430 824（第五位小数不同）。在大多数现实场合中，这已经是个非常微小的误差。现在可预测出这个系统的行为会是：

5.430 824

4.308 24

3.082 4

0.824

8.24

2.4

看到没？2每次向左移动一位，使得这个误差每次被放大十倍。经过仅仅五秒钟，第一次预测时的7.4就变成了2.4——这是个相当显著的差异。

如果我们一开始用的是一百万位的数，并且改变最后一位数字，则要经过一百万秒，这一改变才能影响到原本预测时的**第一位数字**。但一百万秒也不过是十一天半。而大多数用于预测某个系统的未来行为的数学模型采用的时间间隔要短得多——千分之一或百万分之一秒。

如果系统随时间变化的规则不同，这类误差可能不会增长得那么快速。例如，如果规则是"将数除以2"，则这种改变的效应会随着时间的推移而逐渐消失。所以决定一个系统混沌与否的关键是用于预测其下一个状态的**规则**。有些规则会强化误差，有些则会弱化它们。

亨利·庞加莱在1890年第一个意识到有时误差会快速增长（因而系统可能是混沌的，尽管它本身是确定性的）。当时，挪威–瑞典国王奥斯卡二世悬赏2500克朗，求解太阳系是否稳定的问题。如果我们等待足够长的时间，太阳系的行星是会继续沿着它们现在的轨道运行，还是会发生某种重大改变，比如其中两颗行星相撞，或者一颗行星被抛出太阳系？

这个问题事实证明实在太难，但庞加莱还是成功地在一个更简单的问题上取得了进展，即一个只有三个天体的假想太阳系。处理这个简化后的问题所需的数学仍然异常艰深，但这对庞加莱来说不是无法克服的，最终他发现这个"三体"系统有时会表现得毫无规律、不可预测。方程式是确定性的，但它们的解是不确定的。

他不知道为什么会这样，但确信这是对的。于是他撰写了论文，并赢得了奖金。

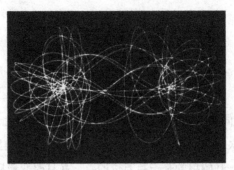

三个天体在引力作用下的复杂运行轨道

这是长期以来人们一直以为的历史。但在1990年，历史学家琼·巴罗-格林在斯德哥尔摩的米塔格-莱弗勒研究院发现了庞加莱获奖论文的原始版本和相关通信。它与我们通常所知的版本有所不同，其中并**没有**提到那些混沌的解。

庞加莱在获奖论文已经付印后才尴尬地发现论文中存在致命错误。于是他写信要求中止印刷，并赔偿印刷费用（比他的奖金还多出1000克朗），然后全身心投入论文的修订。正是在修正错误的过程中，庞加莱注意到了这些混沌的解。

但不论如何，作为发现确定性数学规律并不总是意味着可预测的、有规律的行为的第一人，庞加莱功不可没。另一个著名的进展由气象学家爱德华·洛伦茨在1961年做出。当时他正在计算机上运行一个空气对流的数学模型。那时的机器运算得非常慢，也要笨重得多——现在你的手机都比20世纪60年代的顶尖计算机功能更强。有一次，洛伦茨决定重复一下部分计算，以便进一步研究细节。他暂停下计算机，输入之前运算打印出的在那一点的数据，然后让机器继续运行。半小时后，喝完咖啡回来的他却意外发现新算得的结果跟原来的大不相同。

一升始，新数据与老数据还相同，但接着它们就开始变得不同。哪里出了问题？最终洛伦茨发现这是因为计算机打印出来的数据与它存储的数据有所不同，打印出的结果只保留了较少的小数位数。比如，存储的是2.371 45，打印出来却是2.371。所以当他重新输入这个数进行第二次计算时，计算机使用的是2.371 00而不是2.371 45来开始计算。随着时间的推移，差异越来越大，最终变得大不相同。

在发表这个结果时，洛伦茨曾写道："一位气象学家对此评论道，要是该理论是正确的，那么一只海鸥扇一下翅膀就将足以永久改变天气的进程。"这原本是个充满不屑的异议，但现在我们知道事实正是如此。天气预报员就通过微调初始条件得到"一大堆"预测结果，然后进行会商，就未来天气得出综合判断。

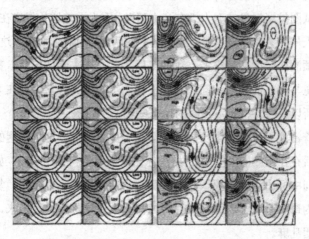

左图：八个天气预报的初始条件，看上去一样，但其实略有不同；右图：预测的一周后的天气——初始条件的细微差异发展成大相径庭的结果。意大利的天气要比英国的天气更容易预测（图片由英国雷丁的欧洲中期天气预报中心提供）

在你拎起猎枪冲出门去之前，我必须补充一句，外面有数以亿计的海鸥，而且我们也无法让天气重演。我们只能默默接受从无数可能的天气中随机出现的一部分。

很快洛伦茨用"蝴蝶"替代了"海鸥",因为这听上去更好听些。1972年,他进行了一场讲演,题为"巴西的一只蝴蝶扇一下翅膀会不会在德克萨斯州引起一场龙卷风?"。这个题目是由菲利浦·梅里利斯起的,当时洛伦茨想不出好的题目。由于这一讲座,这种效应便被称为蝴蝶效应。这是混沌系统的一个典型特征,也是它们尽管是确定性的,却无法预测的原因。系统当前状态的最轻微变化都有可能增长得如此之快,使得它足以改变系统未来的行为。在某种相对狭小的"可预测视界"之外,未来仍然是神秘不可知的。它可能是被事先确定的,但我们无从找出什么是被事先确定,只能坐等它的发生。即使计算机运算速度的巨大提升也对我们试图扩展视界的努力没有多大帮助,因为误差增长得实在太快了。

就天气而言,可预测视界大约是提前两天。而对于太阳系这一整体,我们可预测的时间要长得多。我们可以预测在未来两亿年后,冥王星的运行轨道与现在的大致相同;然而,我们不知道到时它会处在太阳的哪一侧。所以有些特征是可预测的,有些则不可预测。

尽管混沌系统是不可预测的,但它不是随机的。这是问题的关键。在它背后存在隐藏的"模式",只是你需要知道如何找出它们。如果你在三维空间中标出洛伦茨模型的解,那么它们会构成一个漂亮、复杂的形状,称为奇异吸引子。而如果你将随机数据以这种方式标出来,你只会得到一团乱麻。

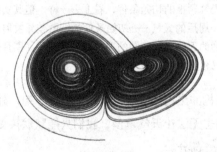

洛伦茨吸引子,洛伦茨计算的一种几何表示

混沌似乎是种没有什么用处的现象，毕竟它让我们无法做出实际的预测。但即使这种异议成立，混沌现象仍然是客观存在的。现实世界没有义务按照对人类来说便利的方式行事。事实上，还是有办法利用混沌现象。曾几何时，一家日本公司推出过一种有两个喷雾旋臂的混沌洗碗机。由此得到的无规律喷雾要比用单个旋臂的规则喷雾清洗效果更好。

此外，在普通消费者看来，一种基于混沌理论的洗碗机显然非常科学和先进。这无疑会是营销人员的最爱。

滑雪胜地

阿尔卑斯山的一处滑雪胜地坐落在一个山谷中，两侧都是垂直的峭壁。一侧的峭壁高600米，另一侧的高400米。从一侧峭壁的底部到另一侧峭壁的顶部有一架缆车，缆绳是笔直的。请问两架缆车在地平面以上多高处相遇？

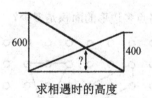

求相遇时的高度

详解参见第271页。

皮克定理

下面是一个**格点多边形**：各顶点位于正方形网格的点上的多边形。假设这些点的间隔均为一个单位，则这个多边形的面积是多少？

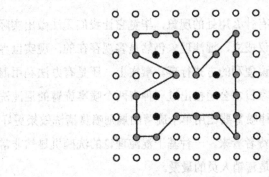

格点多边形

无论多边形有多复杂，都存在一个极其简单的方法，可以求得这种多边形的面积，那就是使用**皮克定理**。这个定理由格奥尔格·皮克在1899年证明。对于任意的格点多边形，面积A可由边界点B（灰色）的个数和内部点I（黑色）的个数来算的，具体公式为

$$A=\frac{1}{2}B+I-1$$

在这里，$B=20$，$I=8$，所以面积是$\frac{1}{2}\times20+8-1=17$个平方单位。

请问下图所示的格点多边形的面积是多少？

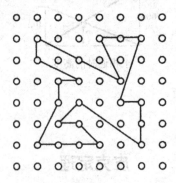

求其面积

详解参见第272页。

几大数学奖项

数学界虽然没有诺贝尔奖，但同样有几个声望相当的奖项，以及大量其他声望较小的奖项。

菲尔兹奖

菲尔兹奖由加拿大数学家约翰·查尔斯设立，在1936年首次颁出。每四年，国际数学联盟将奖项颁给最多四位、年龄在40岁以下的世界顶尖数学家。奖励包括一枚金质奖章和一笔15 000加拿大元的奖金（在我写作本书时，这相当于13 500美元），但其声望被认为与诺贝尔奖齐平。

阿贝尔奖

2001年，挪威政府新设了一个数学奖项，以纪念史上最伟大的数学家之一尼尔斯·亨里克·阿贝尔诞辰两百周年。每年，一位或多位数学家可分享六百万挪威克朗（约合一百万美元）的奖金——这已与诺贝尔奖得主的奖金相当了。奖项会由挪威国王在一个特别举办的仪式上颁发。

邵逸夫奖

邵逸夫爵士是一位中国香港媒体大亨，也是一位长期热心慈善事业的慈善家。每年，奖项颁发给三个领域：天文学、生命科学与医学，以及数学，每个领域一百二十万美元。首届邵逸夫奖在2002年颁出。

克莱千年奖

克莱数学研究所位于马萨诸塞州剑桥市，由波士顿商人兰登·T. 克莱和拉维尼娅·D. 克莱共同创办。它设立了七个奖项，为解决七个重大的数学未解问题各自悬赏一百万美元。这些"千年奖问题"代表了数学家所面对的一些最大的挑战。这些问题分别如下：

- ❏ 代数数论中的伯奇和斯温纳顿-戴尔猜想

- ❏ 代数几何中的霍奇猜想

- ❏ 流体力学中纳维-斯托克斯方程解的存在性及光滑性

- ❏ 计算机科学中的P=NP?问题

- ❏ 拓扑学中的庞加莱猜想

- ❏ 复分析和质数理论中的黎曼猜想

- ❏ 量子场论中杨-米尔斯场的存在性及质量间隙

虽然这些奖项一个还没有颁发出去，但现在庞加莱猜想已经得到了证明。主要突破由格里戈里·佩雷尔曼取得，许多细节则由其他数学家补充阐明。这七个问题的详细信息，可参见：www.claymath.org/millennium-problems

费萨尔国王国际奖

从1979年起，沙特阿拉伯的费萨尔国王基金会每年颁发伊斯兰服务奖、伊斯兰研究奖、阿拉伯文学奖、医学奖，以及科学奖。其中科学奖向数学家开放，并也有数学家获得该奖。获奖者将收到一份证书、一枚金质奖章，以及750 000沙特里亚尔（约合200 000美元）的奖金。

沃尔夫奖

从1978年起，以色列的沃尔夫基金会（由里卡多·沃尔夫及其妻子弗朗西斯卡·苏维拉纳·沃尔夫创立）颁发五个科学奖，涉及农业、化学、数学、医学以及物理学。奖项包括一份证书以及100 000美元奖金。

比尔奖

1993年，一位热爱数论的德克萨斯人安德鲁·比尔提出了一个猜想：若$a^p+b^q=c^r$，其中a, b, c, p, q和r是正整数，且p, q和r都大于2，则a, b和c肯定有一个公因子。1997年，他悬赏征求这个猜想的证明或证否，后来又将奖金增加到100 000美元。

为什么没有诺贝尔数学奖?

为什么当初阿尔弗雷德·诺贝尔没有设立数学奖?一个流传已久的说法是,诺贝尔的妻子与瑞典数学家约斯塔·米塔格-莱弗勒有染,所以诺贝尔憎恶数学家。但这个说法有一个问题,因为诺贝尔终生未婚。于是这个故事的有些版本将妻子换成了未婚妻或情妇。诺贝尔可能有过一个情妇(一位维也纳的女士,名叫索菲·赫斯),但没有证据表明她与米塔格-莱弗勒有任何关联。

另一个说法是,米塔格-莱弗勒做了某些事情,使得诺贝尔与之交恶。由于米塔格-莱弗勒是当时顶尖的瑞典数学家,诺贝尔意识到对方非常有可能得到数学奖,所以决定不设立数学奖。然而,正如拉尔斯·戈丁格和拉尔斯·赫尔曼德在1985年注意到的,诺贝尔在1865年离开瑞典前往巴黎,并很少再回去,而在1865年米塔格-莱弗勒还是一名学生。所以他们几乎没有产生交集的机会,这让以上两种说法都显得不可靠。

确实,在诺贝尔的晚年,米塔格-莱弗勒曾被选去说服诺贝尔,试图让他在遗嘱中给斯德哥尔摩大学捐赠一大笔钱,并且这次尝试最终失败了——但要是他已然惹恼了诺贝尔,他一开始根本就不会被选为说客。另一方面,不论如何,即使有诺贝尔数学奖,米塔格-莱弗勒也不大可能赢得这个奖,毕竟当时有很多比他更卓越的数学家。因此,更有可能的情况是,诺贝尔从没想过要设立一个数学奖,或者他不愿意花更多的钱。

尽管如此,还是有几位数学家和数理物理学家因为在其他领域(物理学、化学、生理学或医学,甚至文学)的工作而获得了诺贝尔奖。他们中也有人在经济学领域获得了"诺贝尔奖"——诺贝尔经济学奖是由瑞典国家银行在1968年出资设立的。

是否存在完全矩体?

很容易找到其边长和对角线为整数的矩形——这是古老的毕达哥拉斯三元组问题,古人很早就知道如何找到它们(参见第56页)。使用这种经典方法,找到其边长和所有面的对角线都为整数的矩体(侧面为矩形的六面体)也并不是太难。下面给出的第一组值就能满足这一要求。但人们还没有找到的是**完全**矩体——相对两个角之间的"长对角线"也为整数的矩体。

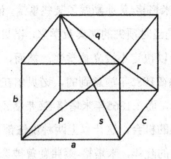

使得所有长度都为整数

标记如上图所示,并利用毕达哥拉斯定理,我们需要找到这样的 a, b 和 c,使得所有四个数 a^2+b^2、a^2+c^2、b^2+c^2 和 $a^2+b^2+c^2$ 都是完全平方数,分别等于 p^2、q^2、r^2 及 s^2。这样的数的存在性一直未得到证明或证否,但人们找到了一些差一点达到这个目标的数:

$a=240, b=117, c=44, p=267, q=244, r=125$,但 s 不是整数

$a=672, b=153, c=104, q=680, r=185, s=697$,但 p 不是整数

$a=18\,720, b=\sqrt{211\,773\,121}\,, c=7800,$

      $p=23\,711, q=20\,280, r=16\,511, s=24\,961$,但 b 不是整数

如果存在完全矩体,它必定涉及很大的数:已经证明,最短的边长至少为 $2^{32}=4\,294\,967\,296$。

真假悖论

在数理逻辑中，**悖论**是一种从逻辑上无法判断正确与否的命题——一个著名的例子是"本句话是句假话"。另一个例子是罗素的"理发师悖论"。村子里有一个理发师，他声称只为所有不为自己刮胡子的人刮胡子。那么谁为理发师刮胡子呢？从逻辑上看，不可能是"理发师本人"，也不可能是"某个其他人"。如果是理发师本人，那么他就是为自己刮胡子，但按照他所说，这时他不应为自己刮胡子。而如果是某个其他人，那么理发师不为自己刮胡子，但同样按照他所说，这时他又应为自己刮胡子。

在现实世界中，这样的问题存在很多漏洞（理发师是个女人吗？这样的理发师究竟在现实中能否存在？）。但在数学中，罗素悖论的一个更严谨的版本摧毁了戈特洛布·弗雷格毕生的心血，后者试图将整个数学建立在集合论的基础上。

下面是另一个著名的（所谓的）悖论：

普罗泰格拉是一位生活在公元前五世纪的古希腊律师。他有一名学生，并且他们约定，学生将在自己打赢第一场官司后支付学费。但学生没有接到任何客户，最终普罗泰格拉威胁要起诉他。普罗泰格拉认为，无论如何自己都会赢：如果法庭支持自己的主张，学生将被要求支付学费；但即使自己输了，根据他们的约定，学生也不得不付学费。学生的理据却恰恰相反：如果普罗泰格拉赢了，根据他们的约定，自己不必支付学费；但如果普罗泰格拉输了，法庭也将会判定自己不必支付学费。

这是一个货真价实的逻辑悖论吗？

详解参见第272页。

我的 MP3 播放器何时会重复？

假设你的MP3播放器里存储有1000首歌，并且它"随机"播放歌曲，那么你预期需要过多久播放器会重复同一首歌？

这完全取决于这里"随机"的意义。市面上主流的MP3播放器一般先像牌手洗牌那样将歌曲"洗"一遍，然后按洗后的列表顺序播放。如果你不重新洗歌，那么需要播放到第1001首歌才会重复。然而，它也可能随机选取一首歌，并重复这个过程而不移除那首歌。如果是这样，那么同一首歌可能（只是可能）前后相继出现。我将假定所有曲目被选取的概率相同，尽管有些MP3播放器会根据你常听的类型"智能"选取。

你很有可能已经遇到过与此类似的生日问题。如果你问别人的生日，一次问一个人，那么平均需要问多少次才会重复同一个生日？答案是23，相当小的一个数。还有另一个极其相似的问题：在一次聚会上应该有多少人，才能使得至少有两个人在同一天生日的概率大于1/2？答案同样是23。在这两次计算中，我们忽略闰年，并假定所有生日出现的概率都是1/365。这不是很精确，但可以简化计算。我们还假定所有人具有在统计上相互独立的生日——这在聚会上有比如双胞胎时就不成立了。

下面我将求解第二个生日问题，因为这里的计算更容易理解。技巧是想像人们一次一个地进入房间，并计算出在每一阶段，房间内所有人的生日都不同的概率。用1减去这个结果，就得到了至少有两个人生日相同的概率。所以我们可以让人陆续进入房间，直到里面所有人的生日都不同的概率小于1/2。

在第一个人进入后，所有人的生日都不同的概率为1，因为还没有其他人在场。我将它写成分式

$$\frac{365}{365}$$

因为它告诉我们，在365个可能的生日中，所有365个都可选。

在第二个人进入后，他的生日必须与第一个人的不同，所以在365个可能的生日中只有364个可选。因此，我们想要得到的概率为

$$\frac{365}{365} \times \frac{364}{365}$$

在第三个人进入后，他只有363个可选了，所以没有重复生日的概率为

$$\frac{365}{365} \times \frac{364}{365} \times \frac{363}{365}$$

模式现在应该很清楚了。在第k个人进入后，k个生日各不相同的概率为

$$\frac{365}{365} \times \frac{364}{365} \times \frac{363}{365} \times \cdots \times \frac{(365 - k + 1)}{365}$$

而我们想要知道第一个使这个概率小于1/2的k值。每个分式（除第一个外）都小于1，所以概率随着k的递增而递减。通过直接计算可知，当k=22时，上述分式等于0.524 305，而当k=23时，它等于0.492 703。因此，所需的人数是23。

这个数似乎出人意料地小，这可能是因为我们将这个问题与另一个问题混淆了：要求一个人与**你**的生日相同的概率大于1/2，需问多少人？这个问题的答案要大得多——事实上，答案是253。

对MP3播放器上的1000首歌做同样的计算，我们可以看到，如果每首歌是被随机选取的，则你只需播放38首歌，就可以使重复同一首歌的概率大于1/2。重复同一首歌所需的**平均**曲目数是39——略多一点。

这些计算都很不错，但它们无法提供太多洞见。要是有一百万首歌的话会怎样？显然计算量会很大——虽然对计算机来说不成问题。但有没有更简单的方法呢？我们不指望能得到一个精确的公式，但我们希望能找到一个很好的近似值。假设有n首歌，则事实证明，平均我们需要播放约

$$\sqrt{((1/2)\pi)}\sqrt{n} = 1.2533\sqrt{n}$$

首歌才会重复某首已经放过的歌（不一定是第一首歌）。为了使重复同一首歌的概率大于1/2，我们需要播放约

$$\sqrt{(\log 4)}\sqrt{n}$$

首歌，也就是

$$1.1774\sqrt{n}$$

这要比前一个数小约6%。

这两个数都与n的平方根成比例，而后者增长的速度要比n增长的速度慢很多。这也是n很大而得到的答案却相当小的原因。如果你的MP3播放器上确实有一百万首歌，那么平均你只需播放1253首歌就能出现重复（一百万的平方根是1000）。为了使出现重复的概率大于1/2，则你需要播放约1177首歌。而确切的值，根据我的计算机算得，是1178。

六个猪圈

农民霍格斯维尔遇到了另一个数学–农业问题。之前他细心地用十三块相同的围栏板搭出了六个猪圈，用来养他的稀有品种亚历山大长角猪。但一天晚上，某个反社会家伙偷走了其中一块围栏板。现在他需要用十二块围栏板搭出六个相同的猪圈。他如何才能做到？所有十二块围栏板必须全都用上。

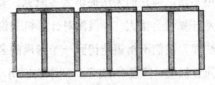

用十三块围栏板搭出六个猪圈

详解参见第272页。

❧◈❧ 获得专利的质数 ❧◈❧

由于在加密算法中的重要性，质数具有商业意义。1994年，罗杰·施拉夫利就为两个质数获得了专利（US Patent 5 373 560）。专利用十六进制来描述这两个数，但这里我将它们转换成了十进制数。它们分别是：

7 994 412 097 716 110 548 127 211 733 331 600 522 933 776 757
046 707 649 963 673 962 686 200 838 432 950 239 103 981 070
728 369 599 816 314 646 482 720 706 826 018 360 181 196 843
154 224 748 382 211 019

以及

103 864 912 054 654 272 074 839 999 186 936 834 171 066 194
620 139 675 036 534 769 616 693 904 589 884 931 513 925 858
861 749 077 079 643 532 169 815 633 834 450 952 832 125 258
174 795 234 553 238 258 030 222 937 772 878 346 831 083 983
624 739 712 536 721 932 666 180 751 292 001 388 772 039 413
446 493 758 317 443 531 957 900 028 443 184 983 069 698
882 035 800 332 668 237 985 846 170 997 572 388 089

他这样做是为了向公众宣示美国专利系统的缺陷。

从法律上讲，未经施拉夫利的授权，你不能使用这些数……

❧◈❧ 庞加莱猜想 ❧◈❧

到19世纪末，数学家终于成功发现了曲面所有可能的"拓扑类型"。如果一个曲面可以通过连续变换变成另一个曲面，就说这两个曲面在拓扑上等价，属于同一种拓扑类型。不妨把曲面想像成是由可变形的面团做成的。你可以拉伸它，挤压它，扭曲它，但不能扯破它或者将不同部分拼凑在一起。

为了简单起见，我将假定曲面没有边界、可定向（不同于莫比乌斯带，它有两个面）且具有有限大小。19世纪的数学家证明了，每个这样的曲面拓扑等价于球面、环面、有两个洞的环面、有三个洞的环面，如此等等。

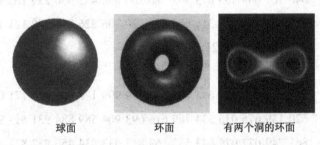

球面　　　　　　环面　　　　　有两个洞的环面

这里的"曲面"真的只是指**面**。拓扑学中的球面像气球，但是由无限薄的橡皮薄片做成的。环面的形状则像轮胎的内胎（如果你知道轮胎的内胎是什么的话）。所以我刚才提到的"面团"其实是非常薄的薄片，而不是实心的面块。拓扑学家称实心的球面为"球"。

为了对所有曲面分类，拓扑学家需要"从内在"刻画它们，而不参照任何周围空间。设想在曲面上生活着一只蚂蚁，它没有任何周围空间可供参照。那么这只蚂蚁如何知道它生活在哪种曲面上？到1900年，人们已经想到了一种好办法：考虑在曲面上的一些闭环路，并观察这些环路如何收缩。例如，在一个球面上，任何闭环路都可以连续地收缩至一点。与赤道平行的圆可以逐渐向南极移动，变得越来越小，直到它与极点重合：

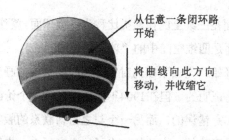

从任意一条闭环路
开始

将曲线向此方向
移动，并收缩它

如何将球面上的闭环路连续地收缩至一点

相反地，任何与球面拓扑不等价的曲面，上面都存在一些不能收缩至一点的闭环路。这样的环路"经过了一个洞"，而这个洞阻碍了它们收缩至一点。所以球面可以被刻画为**唯一**其上的任何闭环路都能收缩至一点的曲面。

像这样的闭环路
无法收缩至一点

在所有其他曲面上，总有闭环路无法收缩至一点

但要注意到，我们在一幅图上看到的"洞"实际上并不是曲面的一部分。根据定义，它是一处**不是**曲面的地方。如果我们只从内在判断，单靠通常的视觉化方法，我们无法以有意义的方式讨论这些洞。就像生活在曲面上且不知道其他世界的蚂蚁无从知道自己所在的环面上有一个巨大的洞，又像我们无法超出三维去看四维。因此，尽管我在这里用"洞"来解释为什么闭环路不能收缩至一点，但对此的拓扑学证明要借助其他不同的方法。

1900年，亨利·庞加莱更进一步，试图理解**流形**（曲面概念在三维上的推广），并一度假设通过闭环路来刻画球面的方法在三维情况下也成立。（球面在三维上的自然类比称为三维球面。就像球面是实心球的表面，三维球面是四维空间中的"球"的表面。）

一开始，庞加莱以为对三维球面的这种刻画应当是显而易见，或至少很容易证明的。但在1904年，他注意到这个论断的一个看上去合理的版本其实是错误的，而另一个与之密切联系的版本虽然看上去难以证明但可能是正确的。由此他提出了一个表面看上去简单的问题：如果一个（没有边界、可定向、具有有限大小的）三维流形具有如下性质，即其上的任何闭环路都能收缩至一点，则这个流形必定拓扑等价于三维球面吗？

很多人试图回答这个问题，但都无功而返，尽管通过全世界拓扑学家的不懈努力，任何**高于**三维的类似问题的答案已被证明都是肯定的。人们相信三维的情况也是如此，这被称为庞加莱猜想，是著名的七个千年奖问题之一。

2002年，俄罗斯数学家格里戈里·佩雷尔曼在预印本网站arXiv.org上提交的几篇论文吸引了全世界的注意。他的论文表面上是在讨论"里奇流"的性质，但明眼人能看出，如果论文是正确的，则它们暗示了庞加莱猜想也是正确的。里奇流的概念最早由理查德·汉密尔顿在1981年引入，他受到了阿尔伯特·爱因斯坦在广义相对论中所用数学的启发。在爱因斯坦看来，时空可以被认为是一个曲面，而引力可由其曲率描述。曲率由所谓"曲率张量"来度量，与之类似的一个概念是所谓"里奇曲率张量"，以其提出者格雷戈里奥·里奇-库尔巴斯特罗的名字命名。

根据广义相对论，随着时间的推移，引力场会改变宇宙的拓扑（爱因斯坦引力场方程指出，能动张量与曲率张量成比例）。事实上，随着时间的推移，弯曲的引力场试图使自己变得平滑，而爱因斯坦引力场方程以量化形式描述了这一思想。

在微分几何中，里奇曲率张量也会出现类似的情况：随着时间的推移，一个由里奇流方程描述的曲面会自然地趋于简化自己的形状，让自己的曲率变平滑。汉密尔顿表明了，庞加莱猜想的二维版本，也就是人们更为熟悉的对球面的刻画，可以借助里奇流加以证明。简单来说，一个其上的所有闭环路都能收缩至一点的曲面，会顺着里奇流不断简化自己，使得自己最终变为一个完美的球面。汉密尔顿提出可以将这个方法推广到三维，但他遇到了一些难以克服的困难。

推广到三维时的主要障碍是可能会遇到"奇点"，使得里奇流的演化中断。汉密尔顿提出可以将奇点附近的曲面切割成一些连通的片，从而将奇点除去，使得里奇流能够继续演化。如果三维流形在经过有限次这样的手术后能够完全简化自己，那么这不仅证明了作为特殊情况的庞加莱猜想是正确的，也证明了对于一般情况的瑟斯顿几何化猜想也是正确的，而后者给出了三维流形的**所有可能类型**。

佩雷尔曼则将汉密尔顿的设想变成了现实。但故事现在还有一个有趣的转折。人们普遍认为佩雷尔曼的工作是正确的，尽管他的论文还存在许多需要填充的细节（而事实证明这个过程并不容易）。但佩雷尔曼出于自己的理由并不希望获得什么奖（事实上，除了这个解答本身之外的任何奖），并决定不扩展自己的论文，使之成为某种适合出版的模样。不过如果被问及，他一般也乐于向人解释该如何填充各种细节。所以该领域的专家们只好自己发展佩雷尔曼的思想。

2006年，在马德里召开的国际数学家大会决定授予佩雷尔曼菲尔兹奖，这是数学界的最高奖项。当然，他也拒绝了这个奖。

❧ 河马逻辑 ❧

我不会吃我的帽子。

如果河马不吃橡树果，则橡树会长在非洲。

如果橡树不长在非洲，则松鼠会冬眠。

如果河马吃橡树果，并且松鼠会冬眠，则我将吃掉我的帽子。

那样的话……

详解参见第273页。

兰顿蚂蚁

兰顿蚂蚁由克里斯托弗·兰顿最早提出，它很好地表明了有时简单的思想可以变得多么复杂。它引出了数学中最难解的未解问题之一，所依据的却只是一套极其简单的规则。

这只蚂蚁生活在一个由无穷多个黑白方格构成的网格中，时刻面朝四个方向之一：北、南、东或西。每过一秒，它向前移动一个方格，然后遵循以下三条简单规则：

- 如果它身处黑格，则它左转90度；
- 如果它身处白格，则它右转90度；
- 它刚刚离开的方格随即改变颜色，由白变黑，或由黑变白。

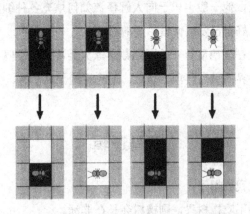

兰顿蚂蚁的爬行规则（灰格可以是任意颜色，并在这个过程中不改变颜色）

作为一个例子，假设开始时，这只蚂蚁身处一个全部由白格构成的网格，面朝东。第一次移动过后，它爬进一个白格，而它离开的方格由白变黑。由于现在身处一个白格，所以它要右转90度，面朝南。第二次移动过后，它爬进一个新的白格，刚刚离开的方块由白变黑。再几次移动过后，它回到出发时的那一格，但由于方格已经变黑，所以这次它要左转90度。随着时间的推移，蚂蚁的运动轨迹会变得相当复杂，而它身后留下的网格黑白模式也是如此。

吉姆·普罗普发现，前几百次移动偶尔会生成一个好看的对称的模式。然后移动达到约一万次时，模式会变得相当混沌。在此之后，蚂蚁陷入一个循环，重复一个包含104次移动的序列，只是每个循环会斜向平移两格。它无限次重复这样的循环，建造出一条斜向的"高速公路"。

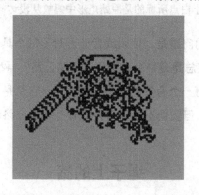

兰顿蚂蚁建造出一条"高速公路"

这种"从混沌中生成秩序"的行为已然令人困惑，但计算机试验揭示了某种更加惊人的事实。即使在蚂蚁开始移动之前，你在网格上随机散布任意多个有限数量的黑格，它最终**仍**会建造出"高速公路"。它可能需要更长时间，并且开始时留下的模式可能会非常不一样，但最后同样的事情终会发生。比如，下图是蚂蚁从一个黑色矩形内部出发时生成的模式。它先建造出一座城墙森严、城垛高耸的"城堡"。它不断破坏和重建这些结构，直到突然它心有旁骛，调头离开，去开始建造"高速公路"。

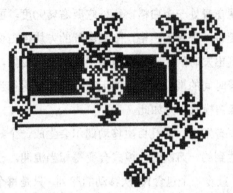

兰顿蚂蚁从黑色矩形内部出发时生成的模式（"高速公路"在右下角，小白点所标的是原始矩形中蚂蚁从没访问过的方格）

困扰数学家的问题是，证明或者证否对于每个具有有限数量的黑格的初始配置，蚂蚁总是最终会建造出"高速公路"。我们已经知道，蚂蚁不会永远陷在任何一个有界的网格区域内——它总是会逃脱，只要你等待足够长的时间。但我们不知道它会沿着"高速公路"逃脱。

绳子上的猪

农民霍格斯维尔有一块田地，它是一个等边三角形，每条边的边长为100米。他心爱的一头猪"飞猪"被拴在一个角上，使得它能抵达的区域恰好是总面积的一半。请问绳子需要有多长？

你可以（实际上，必须）假设这头猪的个头为零（当然，这是相当愚蠢的假设），并且这条绳子无限细，任何必要的绳结也都可以忽略。

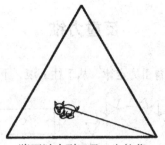

猪可以吃到田里一半的草

详解参见第273页。

突击考试

这个悖论太有名，以至于我差点忘了提。但它引出了一些费思量的问题。

老师告诉班上的学生们，下周某天（从周一到周五）会进行一次考试，并且会是一次突击考试。这看上去似乎很合理：老师可以选择五天里的任意一天，而学生们没有办法知道会是哪天。但学生们不是这么看的。他们的理由是，考试不可能在周五——因为如果是在周五，那么过了周四还没有考试，他们就知道考试肯定在周五，毫无意外可言。而一旦他们排除了周五，他们可以将同样的推理运用到剩下的四天。因此，考试也不可能在周四。在这种情况下，考试不可能在周三，所以也不可能在周二，进而不可能在周一。这样看来，根本不可能有这样的突击考试。

一切听上去没错，但如果老师决定在周三进行考试，学生们又似乎根本没有办法提前**知道**将在哪天考试！

这是一个货真价实的悖论吗？

详解参见第273页。

反重力锥

这个双锥可以违背引力定律，从下往上滚。下面是具体做法。

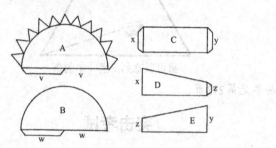

剪出五块

将五个图案复制到一张薄卡片上，尺寸放大两到三倍，然后剪下来。对于块A，沿着边v粘上，做出一个锥形。对于块B，沿着边w粘上，做出另一个锥形。然后通过A上的三角形将两个锥形底对底粘起来。

将块C的边x粘到块D的边x，并将块C的边y粘到块E的边y，最后将块D的边z粘到块E的边z，做出一个三角形"围栏"。

将双锥放在三角形低的一端，并放手。它会看上去是在从下往上滚。

为什么会这样？

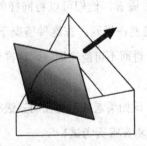

滚动的锥形能违背重力？

详解参见第275页。

数学笑话 2

一位工程师、一位物理学家和一位数学家住在同一家宾馆里。工程师半夜醒来，闻到烟味。他来到走廊，发现处火情，便用房间里的垃圾筒装了水，把火浇灭。

后来，物理学家醒来，闻到烟味。他来到走廊，发现（第二）处火情。他拉出墙上的消防水带。在计算过放热反应的温度、喷水速度、水带里的水压等因素后，他以能量消耗最小的方式扑灭了火。

再后来，数学家醒来，闻到烟味。他来到走廊，发现（第三）处火情。他注意到墙上的消防水带，思考了一会儿……然后他说："嗯，有解存在！"说完便回房睡觉去了。

为什么高斯选择成为一位数学家？

卡尔·弗里德里希·高斯

高斯，1777年生于德国不伦瑞克，1855年卒于哥廷根。他的父母是没念过书的体力劳动者，但他成为了有史以来最伟大的数学家之一（很多人甚至认为可删去"之一"）。他弱龄早慧——据说，三岁时就指出了他父亲财务计算中的一个错误。十九岁时，他需要选择是研究数学还是语言，而当他发现如何利用尺规作出正十七边形时，他的选择已经不言自明了。

这可能初听上去没什么，但这其实是破天荒的创举，开辟了数论的一个新分支。欧几里得的《几何原本》中有构造正三、四、五、六、十五边形的做法，古希腊人也早知道，可以在此基础上将正多边形的边数任意翻倍。在100以内，可用尺规作出的正多边形的边数（至少就古希腊人所知）必须是

2, 3, 4, 5, 6, 8, 10, 12, 15, 16, 20, 24, 30, 32, 40, 48, 60, 64, 80, 96

在之后的将近两千年里，人们一直认为没有其他正多边形可用尺规作出。特别是，欧几里得没有告诉我们如何构造正七边形和正九边形，因为他想像不出来这如何可能。而高斯的惊人发现将17, 34和68添加进了上述列表。更为惊人的是，他的方法揭示了其他边数（比如7, 9, 11, 13）的正多边形为何无法利用尺规作出。（这样的正多边形确实存在，只是无法利用尺规作出。）

高斯的发现是基于数17的两个简单事实：它是质数，它比2的幂大1。所以整个问题可以被化简为找出哪些质数对应于可用尺规作出的正多边形，而之所以这里会牵扯2的幂，是因为每个尺规作图都可归结为取一系列平方根——具体而言，这暗示了尺规作图中涉及的每条线段的长度必定满足次数为2的幂的代数方程。构造正十七边形的关键方程是

$$x^{16}+x^{15}+x^{14}+x^{13}+x^{12}+x^{11}+x^{10}+x^9+x^8+x^7+x^6+x^5+x^4+x^3+x^2+x+1=0$$

其中x是一个复数。方程的十六个解，外加数1，构成了复平面上一个正十七边形的顶点。由于16是2的幂，高斯意识到他有可能成功。在经过一

番巧妙的计算之后，他证明了，可用尺规作出正十七边形，只要你能构造出一条具有如下长度的线段：

$$\frac{1}{16}\left[-1+\sqrt{17}+\sqrt{34-2\sqrt{17}}+\right.$$

$$\left.2\sqrt{17+3\sqrt{17}-\sqrt{34-2\sqrt{17}}-2\sqrt{34+2\sqrt{17}}}\right]$$

由于平方根总是可用尺规作出的，因此它实际上解决了正十七边形的尺规作图问题。高斯没有进一步给出具体的作图过程——公式本身足以说明问题。后来，其他数学家给出了明确的步骤。乌尔里希·冯·于格南在1803年给出了首个方案，H.W. 里士满在1893年找到了另一个更简单的方法。

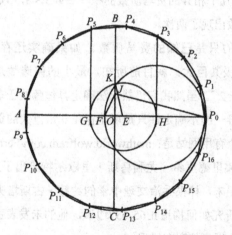

里士满构造正十七边形的方法。在圆上取两条相互垂直的直径，AOP_0 和 BOC。使 $OJ=\frac{1}{4}OB$，角 $OJE=\frac{1}{4}OJP_0$。找出点 F，使得角 EJF 是45度。

以 FP_0 为直径绘制一个圆，与 OB 相交于点 K。以点 E 为中心、EK 为半径绘制一个圆，与 AP_0 相交于点 H 和 G。通过点 H 和 G 作垂线垂直于 AP_0，与大圆分别相交于 P_3 和 P_5。P_0、P_3 和 P_5 就是正十七边形的第0、3、5个顶点，接下来其他顶点就很容易构造了

　　高斯的方法证明了，当边数n是形为2^k+1的质数时，正n边形可用尺规作出。像这样的质数称为**费马质数**，因为费马曾研究过它们。特别是，他注意到，如果2^k+1是质数，则k本身必须是2的幂。当$k=1, 2, 4, 8, 16$时，可分别得到费马质数3, 5, 17, 257, 65 537。然而，$2^{32}+1=4\,294\,967\,297=641×6\,700\,417$，它不是质数。高斯已经意识到，正$n$边形可用尺规作出，当且仅当$n$是2的幂，或者2的幂与任意个**相异**的费马质数的积。但他没有给出完整的证明——很可能是因为这在他看来是显而易见的。

　　他的结论也证明了，无法用尺规作出正七、十一和十三边形，因为边数虽然为质数，但不是形为2^k+1。比如，正七边形对应的代数方程是$x^6+x^5+x^4+x^3+x^2+x+1=0$，其次数为6，而6不是2的幂。正九边形也不可构造，因为9不是几个相异的费马质数的积——$9=3×3$，3是费马质数，但这里相同的质数出现了两次。

　　前面列出的只是**已知的**费马质数。如果确实还存在别的费马质数，那它一定极其巨大：就目前所知，最小的候选数是$2^{33\,554\,432}+1$，其中$33\,554\,432=2^{25}$。虽然我们仍然无法确定具体哪些正多边形可用尺规作出，但这里唯一的不确定性只是可能存在非常巨大的费马质数。关于费马质数的一个有用网站是：mathworld.wolfram.com/FermatNumber.html

　　1832年，弗里德里希·尤利乌斯·里歇尔特给出了正257边形的尺规作法。19世纪末，林根乔治文理中学的约翰·古斯塔夫·赫尔梅斯曾花费十年心血研究如何构造正65 537边形，他的未发表手稿现存于哥廷根大学，但其中很可能存在错误。

　　如果借助其他工具，其他正多边形也可用尺规作出。如果使用一个可三等分角的工具，那么构造正九边形是轻而易举的。正七边形事实证明也可以，只是方法没有那么显而易见。

娥眉月是什么形状？

太阳落山，一弯娥眉月挂上枝头。构成月牙的两条曲线看上去像圆弧，并且人们也是经常这样绘制娥眉月的。假设月亮是完美的球体，并且太阳光平行照到月亮上，那么这两条曲线是圆弧吗？

由两个圆弧构成的月牙形。娥眉月是这样子吗？

详解参见第275页。

数学背景

下面列出的人（除一人外），或者求学时主修（或辅修）数学，或者受教于知名数学家门下，或者有段时间做过职业数学家。他们分别因什么而知名？唯一的例外又是谁？

皮埃尔·布列兹	菲利普·格拉斯
谢尔盖·布林	泰瑞·海切尔
刘易斯·卡罗尔	埃德蒙·胡塞尔
J.M.库切	迈克尔·乔丹
阿尔韦托·藤森	西奥多·卡钦斯基
阿特·加芬克尔	约翰·梅纳德·凯恩斯

卡萝尔·金　　　　　　　　列夫·托洛茨基

伊曼纽尔·拉斯克　　　　　埃蒙·德·瓦莱拉

J.P. 摩根　　　　　　　　　卡萝尔·沃德曼

拉里·尼文　　　　　　　　弗吉尼娅·韦德

亚历山大·索尔仁尼琴　　　路德维希·维特根斯坦

布拉姆·斯托克　　　　　　克里斯托弗·雷恩爵士

详解参见第276页。

什么是梅森质数？

梅森数是形为 2^n-1 的数。也就是说，它比2的幂小1。**梅森质数**是恰好也是质数的梅森数。很容易证明在这种情况下，指数 n 本身必定是质数。对于前几个质数，$n=2, 3, 5$ 和7，对应的梅森数 $M_n=3, 7, 31$ 和127都是质数。

人们对于梅森质数的兴趣由来已久，并且一开始人们认为只要 n 为质数，对应的梅森数便都是质数。但在1536年，雷吉乌斯证明了这个假设是错误的，因为 $2^{11}-1=2047=23\times89$。1588年，彼得罗·卡塔尔迪注意到 $2^{17}-1$ 和 $2^{19}-1$ 是质数（这是正确的），并声称 M_{23}, M_{29}, M_{31} 和 M_{37} 也是质数。费马排除了 M_{23} 和 M_{37}，欧拉排除了 M_{29}。但欧拉后来证明了 $2^{31}-1$ 是质数。

1644年，法国修道士马兰·梅森在《物理数学随想》一书中宣称，2^n-1 是质数，仅当 $n=2, 3, 5, 7, 13, 17, 19, 31, 67, 127$ 和257，除此之外没有其他 n 值。鉴于他当时可用的方法，他不太可能检验过其中的大多数数，所以他的论断主要是靠猜测，但这也将他的名字与这个问题联系了起来。

1876年，爱德华·卢卡发展出了一种巧妙的办法，可以检验一个梅森数是否为质数，并借此证明了 M_{127} 是质数。到了1947年，梅森提到的所有质数都得到了检验。人们发现，梅森错误加入了 M_{67} 和 M_{257}，并遗漏掉了M_{61}，M_{89}和M_{107}。卢卡后来改进了自己的检验方法，德里克·莱默在20世纪30年代又进一步加以改进。卢卡-莱默检验法使用了数列S_n

$$4, 14, 194, 37\,634, \ldots$$

其中每个数是前一个数的平方减2。可以证明，当且仅当M_n能整除S_{n-1}时，M_n是质数。这一检验法可以证明某个梅森数是合数，而无需找出其任意一个质因子；它也可以证明某个梅森数是质数，而无需检验其质因子分解。这里还有一个技巧，可以使检验涉及的所有数小于要检验的梅森数。

寻找新的、更大的梅森质数是测试新型计算机的一个有趣方法。多年来，梅森质数的列表在不断扩充，现在已包括44个质数。

n	年份	发现者
2	—	古人已知
3	—	古人已知
5	—	古人已知
7	—	古人已知
13	1456	无名氏
17	1588	彼得罗·卡塔尔迪
19	1588	彼得罗·卡塔尔迪
31	1772	欧拉
61	1883	伊万·佩尔武申
89	1911	拉尔夫·欧内斯特·鲍尔斯
107	1914	拉尔夫·欧内斯特·鲍尔斯
127	1876	爱德华·卢卡
521	1952	拉斐尔·鲁滨逊
607	1952	拉斐尔·鲁滨逊
1279	1952	拉斐尔·鲁滨逊
2203	1952	拉斐尔·鲁滨逊
2281	1952	拉斐尔·鲁滨逊
3217	1957	汉斯·里塞尔
4253	1961	亚历山大·赫维茨
4423	1961	亚历山大·赫维茨

（续）

n	年份	发现者
9689	1963	唐纳德·吉利斯
9941	1963	唐纳德·吉利斯
11 213	1963	唐纳德·吉利斯
19 937	1971	布莱恩特·塔克曼
21 701	1978	兰登·诺尔与劳拉·尼克尔
23 209	1979	兰登·诺尔
44 497	1979	哈里·纳尔逊与戴维·斯洛温斯基
86 243	1982	戴维·斯洛温斯基
110 503	1988	沃尔特·科尔基特与卢克·韦尔什
132 049	1983	戴维·斯洛温斯基
216 091	1985	戴维·斯洛温斯基
756 839	1992	戴维·斯洛温斯基与保罗·盖奇
859 433	1994	戴维·斯洛温斯基与保罗·盖奇
1 257 787	1996	戴维·斯洛温斯基与保罗·盖奇
1 398 269	1996	GIMPS/乔尔·阿芒戈
2 976 221	1997	GIMPS/戈登·斯彭斯
3 021 377	1998	GIMPS/罗兰·克拉克森
6 972 593	1999	GIMPS/纳扬·哈杰拉特瓦拉
13 466 917	2001	GIMPS/迈克尔·卡梅伦
20 996 011	2003	GIMPS/迈克尔·谢弗
24 036 583	2004	GIMPS/乔希·芬德利
25 964 951	2005	GIMPS/马丁·诺瓦克
30 402 457	2005	GIMPS/柯蒂斯·库珀与史蒂文·布恩
32 582 657	2006	GIMPS/柯蒂斯·库珀与史蒂文·布恩

列表直至第39个梅森质数（n=13 466 917）是完全的，但在那之后的空隙之中可能存在未被发现的梅森质数。第44个梅森质数$2^{32\,582\,657}$–1是目前（2007年12月）已知的最大质数，它有9 808 358位。*梅森质数通常是已

---

* 截至2016年1月，GIMPS新发现了五个梅森质数，分别为$M_{37\,156\,667}$，$M_{42\,643\,801}$，$M_{43\,112\,609}$，$M_{57\,885\,161}$和$M_{74\,207\,281}$。$M_{74\,207\,281}$有22 338 618位。——编者注

知最大质数，而这要感谢卢卡-莱默检验法；不过，欧几里得告诉我们，并不存在最大的质数。关于最新进展，可参见：primes.utm.edu/mersenne/；你也可以加入互联网梅森质数大搜索（GIMPS）：www.mersenne.org/

哥德巴赫猜想

2000年，作为宣传阿波斯托洛斯·佐克西亚季斯的小说《彼得罗斯叔叔与哥德巴赫猜想》的噱头，费伯-费伯出版社悬赏一百万美元，奖给在2002年4月以前给出证明的人。当然，这个奖从未颁出，对此数学家毫不奇怪，因为这个问题悬而未决已经250多年了。

一切始于1742年，当时克里斯蒂安·哥德巴赫在给欧拉的信中提出，每个偶数都是两个质数之和。（事实上，笛卡儿在他之前稍早时候就提出过这一想法，只是没有引起人们的注意。）在那时，1被认为是质数，所以2=1+1可以被接受，但现如今我们一般将**哥德巴赫猜想**重新表述为：每个大于2的偶数都是两个质数之和——常常有多种方式。例如，

$$4=2+2$$
$$6=3+3$$
$$8=5+3$$
$$10=7+3=5+5$$
$$12=7+5$$
$$14=11+3=7+7$$

欧拉在回信中表示，他确信哥德巴赫是正确的，但他无法给出证明——这个状况一直延续到了今天。我们已经知道，每个大于4的偶数都是至多六个质数之和（这由奥利维耶·拉马雷在1995年证明），而由此可得出一个推论，任何大于5的奇数是至多七个质数之和。1997年，让-马克·德苏耶尔等人证明了，如果黎曼猜想（参见第208页）成立，那么奇数哥德

巴赫猜想（每个大于5的奇数都是三个质数之和）可由此推出。[*]

对于原始的哥德巴赫猜想，陈景润在1973年证明了，任何一个充分大的偶数都是两个质数之和，或者一个质数与一个半质数（两个质数的积）之和。到了2007年，托马斯·奥利韦拉-席尔瓦通过计算机验证了，对于10^{18}以内的所有偶数，哥德巴赫猜想都成立。

1923年，戈弗雷·哈代和约翰·李特尔伍德得到了一个启发式公式，关于将给定一个偶数写成两个质数之和的方式的数目。他们无法严格证明它，但它看上去似乎蛮合理的，并且与数值证据一致。根据这个公式，随着偶数变大，将它表示为两个质数之和的方式有很多种。因此，我们可以预期，两个质数中较小的那个会相对很小。2001年，约尔格·里希施泰因发现，对于10^{14}以内的数，较小的那个质数最大为5569，见于

$$389\ 965\ 026\ 819\ 938=5569+389\ 965\ 814\ 369$$

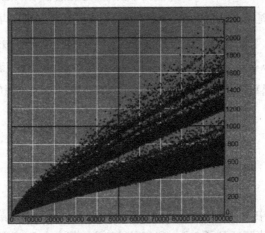

给定一个偶数（横轴）可以有多少种表示为两个质数之和的方式（纵轴）。最低的点从左往右逐渐上升，表明表示方式有很多种。然而，我们无法排除偶尔有一个点可能会落在横轴上。只要有一个这样的点存在，哥德巴赫猜想就不成立

---

[*] 2013年，奇数哥德巴赫猜想由哈拉尔德·赫尔夫戈特证明。——编者注

更下面的龟

无穷是个不容易把握的概念。人们常常谈及"永恒"——一段无穷久远的时间。而根据大爆炸理论，宇宙大约创生于130多亿年前。在那之前，不仅没有宇宙，甚至没有"之前"这一概念。*有些人对此感到困惑，他们中大多数人似乎更乐于接受宇宙"一直都存在"。也就是说，它的过去有无穷久远。

这种说法看似解决了宇宙起源的难题——通过否认宇宙曾有起源。如果某样东西一直都在那里，问它现在为什么在那里不是很愚蠢吗？

确实。可是这仍然没有解释为什么它一直都在那里。

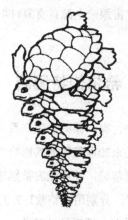

更下面的龟

这并不容易解释。为了便于理解，不妨让我拿另一个相当不同的方法来作比较。根据一则有趣的（有可能是真实的）故事，在一位著名科

---

* 现在有些宇宙学家认为，在大爆炸之前还是可能有什么东西存在——我们的宇宙可能是"多重宇宙"的一部分，在其中一个个宇宙潮起潮落、生息死灭。理论听上去不错，但终究难以检验。

学家（斯蒂芬·霍金的名字常被提及，因为他在《时间简史》中讲过这个故事）的一个讲座上，观众中的一位女士站起来指出，地球是平的，坐落在四只大象的背上，而大象又坐落在下面的一只巨龟的背上。

"哦，可是什么驮着这只龟呢？"这位科学家问道。

"别犯傻了，"她说，"由更下面的龟啊！"

好吧，现在用宇宙的当前状态来替代地球，用宇宙的前一个状态来替代每只龟，并将"驮着"改成"导致"。为什么现在宇宙是这样子？因为它是由宇宙的前一个状态导致的。为什么宇宙的前一个状态是这样子？因为它是由宇宙的更前一个状态导致的。那么它是起源于过去某个有限的时刻吗？不，**它源自更前一刻的宇宙**。*

一个一直都存在的宇宙跟一个源自有限时刻的宇宙同样让人困惑。

希尔伯特酒店

在涉及无穷的佯谬中，有一系列发生在希尔伯特酒店的奇异事件。大卫·希尔伯特是19世纪末20世纪初最具影响力的数学家之一。他的主要研究领域是数学的逻辑基础，并对无穷特别感兴趣。言归正传，希尔伯特酒店有无穷多间客房，分别用正整数1, 2, 3, 4, ...编号。

在一个法定假日的周末，酒店已经客满。一位未提前订房的旅客来到前台，希望要一间房。要是他来到任何一家只有有限客房的酒店，无论酒店有多大，他必定会失望而归——但他来到的是希尔伯特酒店。

"没有问题，先生，"经理说，"我会让1号房的客人换到2号房，2号房的客人换到3号房，3号房的客人换到4号房，依此类推。n号房的客人

---

* 多重宇宙的部分吸引力在于，它暗含了"它一直在那里"的观点。我们的宇宙并不是一直都存在，但包围它的多重宇宙是。它源自更前一刻的多重宇宙……

会换到n+1号房。这样1号房就可以腾出来给您住了。"

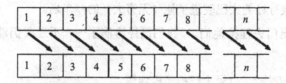

每位客人都往后移一间，1号房就空出来了

这个小技巧只在有无限客房的酒店里有效。在有有限客房的酒店里，它就会出问题，因为到时住在最大编号的客房里的客人会没有地方住。但在希尔伯特酒店里，**没有最大编号的客房**。问题得解。

十分钟后，无穷旅行社的大巴抵达酒店。大巴上有无穷多位乘客，分别坐在以正整数1, 2, 3, 4, …编号的座位上。

"好吧，我没法通过让其他每个客人往后移一些位置来安排大巴上的乘客，"经理说，"即使他们都往后移100万个位置，也只能空出100万间客房。"他思考了一下。"不过，我仍然有办法安排你们。我会让1号房的客人换到2号房，2号房的客人换到4号房，3号房的客人换到6号房，依此类推。n号房的客人会换到2n号房。这样所有奇数号房就都空了出来，现在我可以将大巴上1号座的客人安排到1号房，2号座的客人安排到3号房，3号座的客人安排到5号房，依此类推。n号座的客人会住进2n-1号房。"

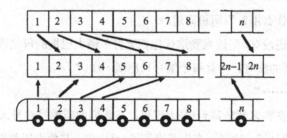

如何安排大巴上的无穷多位乘客住下

然而，经理的麻烦还没有结束。又过了十分钟，他惊恐地发现无穷多辆超限旅行社的大巴驶进了他（无穷大）的停车场。

他冲出门去迎接他们。"我们已经客满了——不过我**仍**能安排你们住下！"

"如何安排？"1号大巴的司机问道。

"我会将这化简为一个我已经解决的问题，"经理答道，"我要你将每个人都转移进1号大巴里。"

"但1号大巴已经满了！并且这有无穷多辆其他大巴啊！"

"不成问题。将你们的大巴一辆挨一辆地排好，并按斜线顺序为所有座位重新编号。"

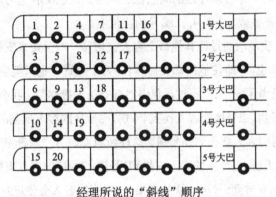

经理所说的"斜线"顺序

"这有什么用？"司机问道。

"暂时还没有。但注意到这样你们无穷多辆大巴里的每位乘客都被赋予了一个新的编号，并且每个编号只出现一次。"

"然后……"

"将所有乘客都转移到1号大巴里，按他们的新编号对号入座。"

司机照做了。这样所有人都坐进了1号大巴，其他大巴都空了——所以它们就开走了。

"现在我面对的情况是，酒店客满，并且只多出一辆大巴的客人，"经理说，"而这种情况我已经知道该如何处理了。"

连续统大巴

你应该不会感到意外，希尔伯特酒店的经理最终会遇到一个他也**无法解决**的住宿安排问题。这次酒店是全空的（这跟全满其实没什么太大区别）。然后一辆康托连续统大巴停在了酒店门口。

格奥尔格·康托首次对无穷集合的大小进行比较，并发现了一些关于"连续统"（实数系统）的重要事实。**实数**是可以写成小数的数，小数可以在有限位后结束，比如1.44，也可以有无穷位，比如π。下面便是康托的发现。

连续统大巴的座位用实数，而不是正整数编号。

"好吧，"经理心想，"无穷不都一样吗？"他将乘客安排进酒店，最终酒店客满，大堂空无一人。经理松了一口气，自言自语道："每个人都有了一间客房。"

但这时又有一个身影从转门后进来。

"晚上好！"经理迎上前说。

"我是对角线先生。你把我落掉了，伙计。"

"没事，我总能让每个人移动一个房间——"

"关键不在这，伙计，你说过'每个人都有了一间客房'——我刚才听到了。但我没有。"

"胡说！你肯定已经去了你的客房，但又从后门溜出来，然后再从前门进来。我还不知道你们这些人！"

"不是的，伙计。我可以**证明**我并没有在你的任何一间客房里。谁在

1号房？"

"我不能透露客人的私人信息。"

"那么他的大巴座位编号的第一位小数是什么？"

"我想这个可以说。是2。"

"我的第一位小数是3。所以我不是住1号房的人。你同意吗？"

"同意。"

"住2号房的人的大巴座位编号的第二位小数是什么？"

"是7。"

"我的第二位小数是5。所以我也不是住2号房的人。"

"有道理。"

"可不是，伙计，这样继续下去。住3号房的人的大巴座位编号的第三位小数是什么？"

"是4。"

"我的第三位小数是8。所以我不是住3号房的人。"

"嗯。我想我能看出接下来的逻辑了。"

"很好，伙计。就大巴座位编号而言，**对于每个**n，我的第n位小数都不同于n号房的人的第n位。所以我没在n号房。正如我刚才所说，你把我落掉了。"

"但**我**刚才也说过，我总能让每个人移动一个房间，让你住下来。"

"没用的，伙计。外面还有无穷多个像我这样的人，坐在你的停车场里等待安排房间呢。不论你怎么安排，大巴上总有某个人，对于每个n，其第n位小数不同于n号房的人的第n位。事实上，有一大堆这样的人。而你总是会落掉人。"

当然，你知道康托不是像这样来写他的证明，但他的基本思路大致如此。他证明了，实数的无穷集合无法与整数的无穷集合一一对应。有些无穷比另外一些无穷大。

一个令人困惑的剖分

"你为什么要将那个国际象棋棋盘裁开呀？"弟弟数学盲问道。

"我想向你演示一个有关面积的把戏，"姐姐怕数学说，"如果棋盘每格的面积是一个单位面积，那么整个棋盘的面积是多少？"

为了显示自己的数学要比名字所示的好，弟弟不假思索地答道："8×8，所以是64个平方单位。"

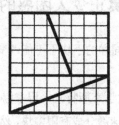

姐姐如此裁开棋盘

"很好！"姐姐说，"现在我要将这四块重组成一个矩形。"

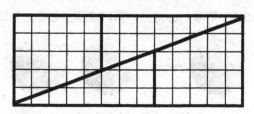

姐姐如此重组各块

"好。"弟弟说。

"这个矩形的面积是多少？"

"嗯——肯定也是64个平方单位！它是由同样的四块拼成的嘛。"

"确实……但这个矩形的尺寸是多少？"

"让我看看——长13，宽5。"

"13乘以5是多少？"

"65，"弟弟呆住了，"所以它的面积是65个平方单位。但这太奇怪了。以不同的方式重组同样的小块不可能改变面积呀……"

这究竟是怎么回事？

详解参见第278页。

一个真正令人困惑的剖分

"以不同的方式重组同样的小块不可能改变面积。"

真的吗？

1924年，两位波兰数学家斯特凡·巴拿赫和阿尔弗雷德·塔斯基证明了，有可能将一个实心球剖分成有限多块，然后将它们重组成两个实心球，并且每个球的大小都与原来的相同。没有重叠，没有缺失——所有小块严丝合缝地拼在一起。这一结论被称为**巴拿赫—塔斯基悖论**，尽管这是个完全成立的定理，而唯一称得上"悖论"的是，它看上去显然是错误的。

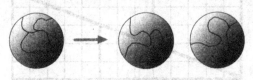

可以做到，但当然不是这样剖分

不过，且慢。显然如果你将一个实心球切成几块，这几块的总体积必定与原来球的体积相同。所以不论你如何重组这些块，其总体积都不会变。但两个相同的实心球的体积是一个（同样大小的）实心球的两倍。你不需要是天才，也能看出这不可能做到！事实上，**要是这能够做到，你可以取一个金球，将它切开并重组一下，这样就得到两倍的金子。然后**

重复这个过程……但我们终究不可能从无中生有啊。

但也且慢。让我们不要这么匆忙下结论。

关于金子的论证不具有十足的说服力，毕竟数学概念并不总是现实世界的抽象模型。在数学中，体积可以被细分成无穷小的部分。而在现实中，这样的细分到原子层面就很难继续了。如果以金子为例，恐怕并不能说明问题。

相反，关于体积的论证看上去无懈可击。但它的逻辑仍有个小漏洞，即它暗含一个假设：单独的小块**具有**定义良好的体积。"体积"的概念如此熟悉，我们常常会忘记它其实有时并不好把握。

当然，上面的解释没有证明为什么巴拿赫和塔斯基是正确的，它们只是说明了为什么他们并非显然是错误的。不同于姐姐剖分国际象棋棋盘时裁出的多边形块，巴拿赫–塔斯基的"块"更像是由无穷小的尘埃结成的不相连的云彩，而非实心的一坨坨。事实上，它们是如此复杂，以至于它们的体积都无法定义，这样我们通常的直觉"以不同的方式重组同样的小块不可能改变体积"就不成立。而如果体积守恒定律不成立，关于体积的论证就会分崩离析。单独的一个实心球以及它的两本副本，都具有定义良好的体积。但在切分和重组的中间过程中，情况不像那样。

那么它们究竟**是**怎样呢？嗯……只能说反正不像那样。

巴拿赫和塔斯基意识到，体积论证中的漏洞实际上使他们听上去不无悖论的剖分变得可能。他们证明了：

- 你可以将一个实心球A切成有限多个非常复杂的、可能是不相连的小块；
- 你可以对大小与球A相同的球B和球C做同样的事情；
- 你可以如此切分，使得球B和球C的小块合在一起，与球A的小块一一对应；
- 你可以调整对应小块，使得它们互为对方的完美副本。

巴拿赫–塔斯基悖论的技术性证明非常复杂，并用到一条称为选择公理的集合论假设。这条假设曾让一些数学家感到困扰。不过，他们感到困扰并不是因为选择公理会引出巴拿赫–塔斯基悖论这一事实，他们也不能借此推翻它。为什么不能？因为巴拿赫–塔斯基悖论并不是一个真正的悖论。事实上，借助正确的直觉，我们也会看出这个看似与直觉相悖的剖分其实是可能的。

让我试着来说明一下这个直觉。一切仰赖于我们所谓的无穷集合的古怪性质。尽管一个实心球的体积是有限的，但它包括无穷多个**点**。这使得无穷集合的古怪性质有可能表现在球体的几何中。

下面是一个有用的类比，涉及英文字母表的26个字母A, B, C, …, Z。字母组合构成**单词**。合法的单词我们编纂成**词典**。假设我们允许任意字母构成的所有可能序列，不论它有多长或多短。这样AAAAVDQX是个单词，GNU是个单词，ZZZ…Z（一千万个Z）也是个单词。这样一部词典我们无法印出来，但在数学上，它是一个定义良好的集合，其中包含无穷多个单词。

现在我们将该词典剖分成26块。第一块包含以A开头的所有单词，第二块包含以B开头的所有单词，依此类推，第26块包含以Z开头的所有单词。这些块相互没有重叠，每个单词仅出现在一块中。

然而，每一块又都有着与原始词典相同的结构。比如，第二块包含单词BAAAAVDQX, BGNU和BZZZ…Z。第三块包含单词CAAAAVDQX, CGNU和CZZZ…Z。通过移除每个单词中的首字母，你可以将每一块变成一部完整的词典。

换言之，我们可以将词典切开，并重组这些块，得到该字典的26个一模一样的副本。

对于实心球中所有点的无穷集合，巴拿赫和塔斯基发现了一种与上面类似的方法。他们的字母表包含球体的两种不同的旋转，他们的单词是这些旋转的序列。通过编纂更为复杂的关于旋转的词典，你可以得到实心球的剖分的类比。由于现在字母表中只有两个"字母"，所以我们得到原始的球的两个相同副本。

细心的读者可能会发现，为简单起见，我刚才作了点弊。比如，当我移除第二块中的首字母B时，我得到的不仅有整个原始词典，还有一个通过移除单词B的首字母B而得到的"空"单词。所以我的剖分实际上得到了原始词典的26个副本，外加26个长度为1的单词：A, B, C, …为简洁起见，我们需要将额外的26个单词重新放入这些块中。类似的问题也出现在巴拿赫和塔斯基的构造中——不过这未尝不是好事。如果我们忽略它们，我们仍然得到两个实心球，只不过会剩下一些多余的点。这同样让人感到意外。

在巴拿赫和塔斯基证明他们的定理后，数学家开始琢磨这个过程最少需要多少块。1947年，拉斐尔·鲁滨逊证明了，这可以分成五块做到，但不能更少了。如果你愿意忽略球中心的那个点，那么就是四块。

所以巴拿赫–塔斯基悖论说的实际上不是实心球的剖分，而是对真正复杂的形状给出有意义的"体积"定义的不可能性。

我袖子里没有东西……

如果不把手从上衣口袋里拿出来，你如何能将套在手臂上的一个绳环取下来？

更确切地说：取一根两米长的绳子，将它的两端打结，形成一个闭环。穿上上衣，扣上衣扣，手臂穿过绳环，并把手插进上衣口袋。现在你需要将这个绳环取下来，但不允许把手从口袋里拿出来，也不允许将绳环塞进口袋，然后绕过指尖溜出来。

不把手从上衣口袋里拿出来而取下绳环

详解参见第279页。

我裤腿里没有东西……

在观众明白了你如何解决前面的问题后，你可以邀请一位观众来做同样的事情，仍穿着上衣，只是现在让他把手插进裤子的口袋。

详解参见第279页。

两条垂线

欧几里得几何因其逻辑一致性而著名：没有两条定理是互相矛盾的。但事实上，欧几里得几何中存在错误。下面就是一个例证。

一条欧几里得定理说：过直线外一点作已知直线的垂线**有且只有一条**。两条直线相交构成的四个角中，有一个角是直角时，这两条直线相互垂直，其中一条是另一条的垂线。（要是有两条这样的垂线，它们必定是平行的，不可能都经过同一个点。）

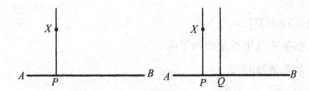

给定直线*AB*和点*X*，我们可以找到点*P*，使得*PX*垂直于*AB*。不可能找到类似的另外一个点*Q*，因为经过点*Q*且垂直于*AB*的直线平行于*PX*，所以它不可能也经过点*X*

还有一条欧几里得定理说：直径所对的圆周角为直角。也就是说，将圆上一点与一条直径的两端连起来，所构成的角为直角。

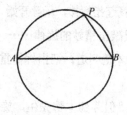

如果*AB*是圆的直径，则角*APB*是直角

现在让我们将这两条定理放到一起，看看会发生什么。

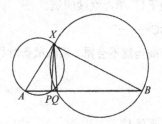

如何找出两条垂线

给定直线*AB*和点*X*，以*AX*和*BX*为直径分别画圆。令直线*AB*与第一个圆相交于点*P*，与第二个圆相交于点*Q*。显然角*APX*是直角，因为*AX*是第一个圆的直径。同理，角*BQX*是直角。所以从点*X*作直线*AB*的垂线有两

条，分别是*XP*和*XQ*。

那么哪条欧几里得定理错了呢？

详解参见第280页。

人能听出鼓的形状吗？

在背景幕布上是一幅动人的场景：月光下的莱茵河谷。在乐池中，管弦乐队正在排练瓦格纳的《诸神的黄昏》。故事随着齐格弗里德的死亡抵达高潮，乐队指挥奥托·芬德本德扬起指挥棒，示意开始"葬礼进行曲"。一开始只有定音鼓，以低音C#重复敲出精妙的旋律……

"不，不，不！"芬德本德叫道，把指挥棒重重摔在地上，"不是那样的，你个蠢猪！"

定音鼓首席辩解道："但芬德本德先生，旋律绝对是对——"

"旋律不对！"

"拍子是根据乐谱的指——"

"我不是在抱怨**拍子**！"指挥继续叫道。

"音高也是完美的C#——"

"音高？**音高**？音高当然不会错。乐队试音时我听过没问题。我有绝对音高！"

"那么到底——"

"**形状**，笨蛋。是形状！"

定音鼓首席听得一头雾水。虽然难以解释，芬德本德还是试着表达他所听到的。"有一个鼓听上去太……太方了，"他说，"其他鼓都是正常的圆，只有一个鼓例外，它有**棱角**。"

"芬德本德先生，你是说你能**听**出鼓的形状？"

"我听到我所听到的，"芬德本德固执地说，"有一个鼓太方了。"

你知道吗？其实他是对的。这其中涉及所谓的贝塞尔函数。

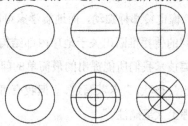

圆形鼓面的一些振动模式

让我具体解释一下。鼓发出声音时，它是同时发出多个不同的音符，不同的音符对应于不同的**振动模式**。每个振动模式有各自的频率，或者等价地，音高。欧拉借助贝塞尔函数计算出了圆形鼓面的振动频谱，也就是这些基础振动模式的频率的分布。而对于方形鼓面，你需要借助正弦和余弦函数。在这两种情况下，都存在一些称为**节线**的特征模式——在这些线上，鼓面保持静止不动。在任意给定一个时刻，鼓面的有些区域处于节线之上，有些在它们之下。而当鼓面振动时，节线之间的各个区域上下振荡。快速的振荡产生高音，慢速的振荡产生低音。

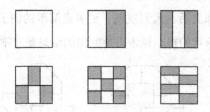

方形鼓面的一些振动模式

振动的数学分析表明，鼓面的形状决定了它可生成的频率——也就是说，它能发出的声音。但我们能反过来，从声音推断出形状吗？1966年，马克·卡茨更精确地描述了这一问题：给定声音的频谱，能否推断出鼓面的形状？

卡茨的问题其实有着重要意义，并不像它乍听上去那么无厘头。当地震发生时，地层就像电铃那样振动，而地震学家可以根据这个"声音"及其在不同结构之间的传播推断出关于地球内部结构的大量信息。卡茨的问题正是利用此类技术我们所能提出的最简单的问题。"就个人而言，我不认为人能'听出'形状，"卡茨写道，"但我有可能是错的，并且我不准备为任何一方押上大笔赌注。"

证明卡茨是正确的首个重要证据来自这个问题在更高维数上的类比。约翰·米尔诺在一篇只有一页长的论文中证明了，两个不同的16维环面具有相同的频谱。首批关于通常的二维鼓面的结论则更为积极：通过频谱**可以**推断出有关形状的多种特征。卡茨自己证明了，频谱决定了鼓面的面积和周长。由此可得到一个有趣的推论：你可以听出一个鼓是否是圆的，因为给定一定面积，圆是具有最小周长的形状。如果已知面积 A 和周长 p，并且恰好有 $p^2=4\pi A$，则可知鼓面是圆的，反之亦然。所以当芬德本德说定音鼓本该听上去是"圆"的时，他知道自己在说什么。

1992年，卡罗琳·戈登、戴维·韦布和斯科特·沃尔珀特最终回答了卡茨的问题。他们构造了两个在数学上不同的鼓，而它们能生成相同范围的声音。在那之后，人们发现了更多更简单的例子。所以现在我们知道，通过一个形状的振动频谱可推断出的信息是有限度的。

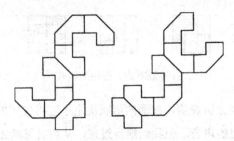

首个能发出相同声音但形状不同的二维鼓面的例子

❧❧❧❧　e 是什么?　❧❧

　　数 e（其近似值为 2.7182）是"自然对数的底数"，它的产生有历史渊源。一个理解它如何产生的方法是，看一定金额的钱在越来越短的时间间隔上计算复利时是如何增长的。设想你在对数银行存了 1 英镑——

　　不，不，不。这是 21 世纪。人们不在银行存钱，他们向银行借钱。

　　好吧，设想你通过信用卡向对数银行借了 1 英镑。（更可能的情况是比如 4675.23 英镑，不过 1 英镑更容易计算。）如果过了免息期你还没还款，银行以年息 100% 计算利息，则一年后，你欠银行

　　　　　　本金 1 英镑+利息 1 英镑=总计 2 英镑

如果银行以半年息 50% 计算**复利**（即你需要支付之前的利息产生的利息），则一年后，你欠银行

　　　　本金 1 英镑+利息 0.50 英镑+利息 0.75 英镑=总计 2.25 英镑

也就是 $(1+1/2)^2$。这个模式可以类推。比如，如果银行以一年的 1/10 的时间间隔计算 10% 的复利，则一年后，你欠银行

$$(1+1/10)^{10}=2.5937 英镑$$

银行很喜欢这样利滚利的方式，于是决定更频繁地计算复利。如果银行以一年的 1% 的时间间隔计算 1% 的复利，则一年后，你欠银行

$$(1+1/100)^{100}=2.7048 英镑$$

如果以一年的 1‰ 的时间间隔计算 0.1% 的复利，则一年后，你欠银行

$$(1+1/1000)^{1000}=2.7169 英镑$$

　　随着计息的时间间隔变得越来越短，你欠银行的钱似乎会无限增加。但这只是看上去如此。事实上，你欠银行的钱会越来越接近 2.7182 英镑——这个数被赋予符号 e。像 π 一样，它是几个在数学中自然出现但无法用分数精确表示的怪数之一，所以它有自己的特殊符号。e 在微积分中尤为重要，并有着广泛的科学应用。

⊱ 皇后出行 ⊰

在国际象棋中，后可横走、直走、斜走任意格数（除非被其他棋子挡住，但在本谜题中可以忽略这一点）。

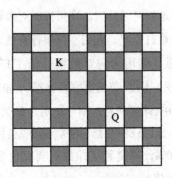

使后从Q移动到K，访问棋盘上每个方格一次，并要求步数尽可能少

后从方格Q出发，希望访问方格K上的王。沿途，她要巡视其他62个方格上的所有子民。只是经过——她不会在每个方格上都停留，但她时不时地不得不停留一下。她如何才能访问所有方格一次，最后抵达王的方格，并且所用步数最小？

详解参见第280页。

⊱ 正多面体 ⊰

多面体是由有限个平面构成的三维几何体。面与面相交于**边**，边与边相交于**顶点**。欧几里得在《几何原本》中证明了，有且只有五种**正多面体**——每个面都是正多边形（边相等，角相等），所有面都全等，每个顶点所接的面数都一样。这五种正多面体分别是：

- □ 正四面体，有4个正三角形面、4个顶点和6条边；
- □ 正六面体（立方体），有6个正四边形面、8个顶点和12条边；
- □ 正八面体，有8个正三角形面、6个顶点和12条边；
- □ 正十二面体，有12个正五边形面、20个顶点和30条边；
- □ 正二十面体，有20个正三角形面、12个顶点和30条边。

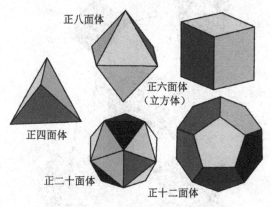

五种正多面体

很容易用纸片做出正多面体的模型：裁出一组连在一起的面（称为正多面体的**展开图**），沿着边折起来，最后将相应两个边粘起来或钉起来。像下图那样，额外增加点供粘贴的面积会很有帮助。

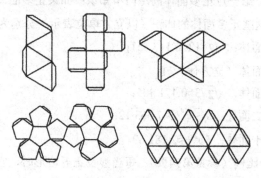

正多面体的展开图

正多面体可在自然界中找到——特别是，它们见于称为放射虫的微生物中。在晶体的结构中也可发现前三种正多面体的身影，但没有发现正十二面体和正二十面体，尽管有时会见到不规则十二面体。

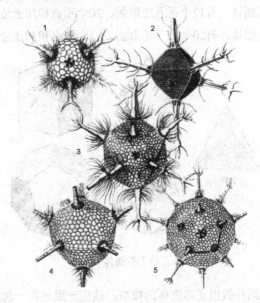

放射虫的形状像正多面体

下面再介绍一点正多面体的冷门小知识：如果正多面体的边长为单位长度，则这些正多面体的体积（以立方单位表示）分别为：

- □ 正四面体：$\sqrt{2}/12 \approx 0.117\,851$；
- □ 正六面体（立方体）：1；
- □ 正八面体：$\sqrt{2}/3 \approx 0.471\,405$；
- □ 正十二面体：$\sqrt{5}\,\varphi^4/2 \approx 7.663\,12$；
- □ 正二十面体：$5\varphi^2/6 \approx 2.181\,69$。

这里φ是黄金比例（参见第94页）。每当涉及正五边形时，它就会出现，就像每当涉及球或圆时，π就会出现一样。符号~的意思是"约等于"。

正多面体在四维或更高维数中的类比称为**正多胞体**。四维正多胞体有六种，但在五维或更高维数中只有三种正多胞体。

∽∾ 欧拉公式 ∽∾

正多面体遵循一个有趣的模式，而这个模式事实证明在更一般的情况下也成立。如果F是正多面体的面数，E是其边数，V是其顶点数，则对于五种正多面体，都有

$$F-E+V=2$$

事实上，这个公式也适用于任何没有"洞"的多面体（即它们拓扑等价于球面）。这个公式称为**欧拉公式**，它在更高维数下的一般化在拓扑学中非常重要。

这个公式也适用于平面上的图，前提是我们将图的外部的无穷大区域看作一个额外的面；或者我们也可以忽略这个"面"，转而使用另一个等价的但更便于思考的公式

$$F-E+V=1$$

不妨将这个公式称为**平面图欧拉公式**。

下图通过一个典型例子证明了为什么这个公式是正确的。$F-E+V$的值写在了证明过程的每一步下面。证明的方法是，一步步地简化图。如果我们选取一个与该图的外部邻接的面，并移除这个面以及一条邻接外部的边，则F和E都减少1。这时$F-E$保持不变。另外，由于我们还没有变动V，所以$F-E+V$也保持不变。我们不断移除一个面以及对应的一条边，直到所有面都被移除。这样我们得到一个由边和顶点构成的网络，而它总是形成一棵"树"——其中没有边的闭环。在下图的例子中，我们在第六步到达这个阶段，这时$F-E+V=0-7+8$。

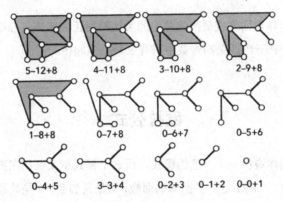

5-12+8 4-11+8 3-10+8 2-9+8

1-8+8 0-7+8 0-6+7 0-5+6

0-4+5 3-3+4 0-2+3 0-1+2 0-0+1

平面图欧拉公式的证明

接下来我们一步步地简化树：移除在树的末端的一条边以及在那条边的末端的一个顶点。这时F仍然为0，而每一步E和V都减少1。再一次地，$F-E+V$保持不变。最终，只剩下一个顶点。这时$F=0$，$E=0$，$V=1$。所以当整个过程结束时，$F-E+V=1$。又由于$F-E+V$在这个过程中始终保持不变，所以它一开始时也必定等于1。

这个证明也解释了为什么公式中面数、边数和顶点数各项的正负号会有交替（正号，负号，正号）。出于差不多同样的原因，类似的把戏对于更高维数下的拓扑学也适用。

这个证明暗含着一个拓扑假设：图是绘制在平面上的。或者等价地，对于多面体，它们必须可以"绘制"在球面上。如果多面体或图绘制在一个与球面拓扑不等价的曲面，比如环面上，这个证明可以略加调整，并得到一个稍有不同的结果。比如，当多面体拓扑等价于环面时，这个公式变为

$$F-E+V=0$$

作为一个例子，下图中的"画框"多面体具有$F=16$，$E=32$和$V=16$。

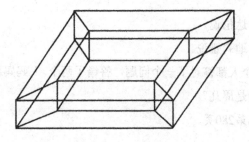

"画框"多面体

在一个有 g 个洞的曲面上，这个公式变为

$$F-E+V=2-2g$$

因此，我们可以通过在曲面上绘制一个多面体来计算曲面上有多少个洞。这样，一只生活在该曲面上、无法"从外部"进行观察的蚂蚁仍能推断出所在曲面的拓扑结构。现如今，宇宙学家正试图使用类似的但更为精妙的拓扑学思想来推断出我们所在宇宙的拓扑形状，毕竟对此**我们**是无法"从外部"观察的。

今天是周几？

昨天，爸爸搞不清那一天是周几了。"每次一放假，我就不记得了。"他说。

"周五。"达伦说。

"周六。"他的双胞胎姐姐迪莉娅反驳道。

"那么明天是周几啊？"为了不让局势变得剑拔弩张，妈妈问道。

"周一。"迪莉娅说。

"周二。"达伦说。

"噢，老天！那么昨天是周几？"

"周三。"达伦说。

"周四。"迪莉娅说。

"你们每个人都答对了一个问题,答错了两个。"妈妈总结道。

那么今天是周几?

详解参见第280页。

⋙ 严格从逻辑上讲 ⋘

只有大象或鲸鱼会产下体重超过70公斤的后代。

总统体重75公斤。

所以……

(闻听自作家兼出版人斯特凡·泰默森。)

⋙ 是否合逻辑? ⋘

如果猪有翅膀,它们会飞。

如果天气不好,猪不飞。

如果猪有翅膀,理智的人会带伞。

所以:

如果天气不好,理智的人会带伞。

这个推理是否合逻辑?

详解参见第281页。

✁ 配种问题 ✁

农民霍格斯维尔在村里的聚会上遇到五位老朋友：帕西·猫猫、杜格尔·狗狗、本杰明·鼠鼠、帕凯·猪猪和佐伊·马马。非常巧的是（这常常成为大家欢乐的来源），他们每个人分别是以下几种动物的配种专家：猫、狗、仓鼠、猪和斑马。每个人给其中一种动物配种，但没有人给听上去跟自己的姓氏一样的动物配种。

"恭喜啊，帕西！"霍格斯维尔说，"我听说你刚刚在养猪比赛中赢得了第三名！"

"这没错，"佐伊说，"并且本杰明在养狗比赛中赢得了第二名！"

"不对，"本杰明说，"你知道的，我从来不碰狗，也不碰斑马。"

霍格斯维尔转向姓氏听上去跟佐伊配种的动物一样的人。"你赢了什么奖没有？"

"是的，我配种的仓鼠赢得了第一名。"

假设所有说法都是真的（除了已被否认的关于养狗比赛第二名的那个），则他们五个人分别为什么动物配种？

详解参见第281页。

✁ 公平分配 ✁

1944年，苏联红军正在逐步收复波兰，但生活在利沃夫市的数学家胡戈·施泰因豪斯仍在努力躲避纳粹的迫害。为了消磨时光，他研究起了一个谜题。

谜题大致如下。有几个人要分一块蛋糕（你大可把蛋糕换成比萨或其他你喜欢的东西)。他们希望这个程序要公平——"公平"是在这个意义上说的，即没有人觉得自己得到的比公平的份额要少。

施泰因豪斯知道，在两个人时，存在一种简单的方法：一个人将蛋糕切成两份，然后让另一个人先选。第二个人无法抱怨，因为是他先选的。第一个人也无法抱怨——如果确有怨言，那也是错在他自己没有把蛋糕切对。

三个人应该如何公平地分蛋糕呢？

详解参见第281页。

第六宗罪

第六宗罪是嫉妒，如何避免引发嫉妒就成了问题。

斯特凡·巴拿赫和布罗尼斯瓦夫·克纳斯特将施泰因豪斯的公平分配方法扩展到了任意个人，并就三个人的情况进行了简化。他们的工作差不多是这个领域研究的集大成之作，直到一个小瑕疵被人注意到：他们提出的程序可能是公平的，但它没有考虑进嫉妒的因素。如果有一种切蛋糕的方法，使得没有人认为有别人得到的比自己得到的要多，则这种方法就是**无嫉妒**的方法。每种无嫉妒的方法都是公平的，但公平的方法不一定无嫉妒。并且不论是施泰因豪斯的方法，还是巴拿赫和克纳斯特的方法，它们都不是无嫉妒的。

比如，贝琳达可能认为阿瑟的分法是公平的，因而施泰因豪斯的方法在第三步时结束，这时贝琳达和阿瑟都认为三份各是1/3。查理必定认为他自己的那份至少是1/3，所以这种分配是均分的。但如果查理认为阿瑟的那份是1/6，贝琳达的那份是1/2，则他会嫉妒贝琳达，因为贝琳达趁着先机，抢了一份查理认为比他自己那份大的蛋糕。

你能想出在三个人之间公平分配蛋糕且无嫉妒的方法吗？

详解参见第282页。

奇怪的算术

"不，亨利，你不能那样做。"老师指着亨利练习簿上的一处地方：

$$\frac{1}{4} \times \frac{8}{5} = \frac{18}{45}$$

"但老师，哪里错了？"亨利说，"我用计算器验算过了，没错呀。"

"好吧，我想**答案**是对的，"老师承认道，"虽然你应该分子分母同时约去9，得到更简洁的2/5。但错误的地方是——"

试着向亨利解释错误所在。然后找到所有类似这样的正确乘式，其中乘式左边是两个分子分母均为非零的一位数的分式。

详解参见第283页。

井有多深？

电视节目《考古小队》中有一集，永远不知疲倦的考古学家想丈量一口中世纪水井的深度。他们朝井中丢下一样东西并计时，结果发现它花了长达6秒钟才落到井底。这样东西在下落过程中一直会响。他们差点就说要通过牛顿运动定律计算出井的深度，但在最后一刻改变了主意，使用三卷连在一起的皮尺直接去量。

他们差点要用到的公式是

$$s = \frac{1}{2}gt^2$$

其中 s 是物体在重力作用下从静止状态下落经过的距离，g 是因重力产生的加速度。它适用于空气阻力可以忽略不计时的情况。这个公式由伽利略通过实验发现，并在后来被牛顿加以推广，用来描述在**任何力**作用下物体的运动。

取 $g=10m/s^2$（米每二次方秒），则井有多深？

详解参见第284页。

麦克马洪方块

下面这个谜题由组合学家珀西•亚历山大•麦克马洪在1921年提出。将一个方块沿对角线分成四个三角形区域，然后为每个区域涂上三种颜色中的一种，共有多少种不同的着色方法？他发现，如果将旋转和反射看作同一种，则共有24种着色方法。请找出所有这些方法。

现在有一个包含24个1×1方块的6×4矩形。请将这24个不同着色的方块放入其中，使得相邻的区域具有相同的颜色，并且矩形的最外面一圈具有相同的颜色。

详解参见第285页。

−1 的平方根是多少？

一个数的平方根是平方后等于那个数的数。例如，4的平方根是2。如果允许负数，那么−2也是4的平方根，因为负负得正。由于正正也得正，所以任何数（不论正负）的平方总是非负的。这样看来，负数，比如−1，似乎不可能有平方根。

尽管如此，数学家（以及物理学家和工程师——事实上，任何从事科学相关工作的人）还是发现为-1提供一个平方根是很有用的。它不是通常意义上的数，所以它被赋予一个新符号，i（数学家常用）或j（工程师常用）。

负数的平方根在数学中出现，最早可以追溯至1450年左右，那是在一个代数问题中。在当时，这个概念很难让人们接受，因为那时人们还把数看作是某种实际存在的东西。甚至负数的出现当初都让人一度头疼不已，但当人们意识到负数的有用性后，他们很快就习以为常了。同样的事情也发生在i身上，只不过这次人们需要长得多的时间去接受它。

不易接受的一大问题是，如何将i在几何上可视化。之前人们已经习惯于数轴的这样一种表示：正数在右边，负数在左边，分数和小数在两个整数之间。

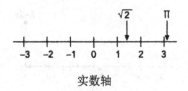

实数轴

像这些熟悉的数统称为**实数**，因为它们直接对应于实际的物理量。比如，你可以**看到**3头母牛或者2.73千克糖。

而现在，实数轴上似乎根本没有"新"数i的位置。但最终，数学家意识到，**它不一定只能在实数轴上**。事实上，作为一种新型的数，它**不可能**在实数轴上。相反，i必须在另一条与实数轴垂直的虚数轴上：

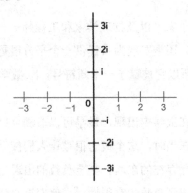

与实数轴垂直的虚数轴

而且如果你将一个实数加上一个虚数，则答案必定在由这两条数轴确定的平面上：

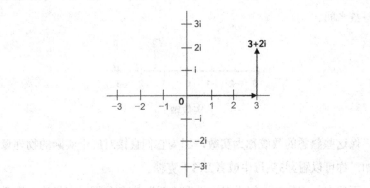

复数是一个实数加上一个虚数

乘法要更复杂一些。其中的要点是：将一个数乘以i，便是将这个数对应的点绕原点逆时针旋转90度。例如，3乘以i是3i，也就是将表示3的点逆时针旋转90度。

这种新型的数将我们可用的数从熟悉的实数轴扩展到了更大的**复平面**。这一思想由以下三位数学家各自独立发现：挪威人卡斯帕·韦塞尔、法国人让-罗伯特·阿尔冈，以及德国人卡尔·弗里德里希·高斯。

复数在日常生活，比如超市算账或量体裁衣中用不到。它的应用主要在诸如电器工程和航空设计等当中，然后我们就可以直接使用这些技术而不必了解其背后的数学。

不过，工程师和设计人员需要了解它。

৩৬ 最美数学公式 ৩৫

时不时地，人们会投票选出史上最美数学公式（我可不是瞎编，时常会有人这样做），而优胜者几乎总是欧拉发现的一个著名公式：

$$e^{i\pi}=-1$$

它将复数以及两个著名常数e和π关联了起来，并在数学的一个分支复分析中极其重要。

৩৬ 为什么美丽的欧拉公式是正确的? ৩৫

我常被问及，是否有某种简单的办法可解释为什么复分析中的欧拉公式$e^{i\pi}=-1$是正确的。事实证明确实有这样一种办法，只是它需要一些预备工作——大约两年时间的数学系本科课程。

这很不幸听上去有点像那个关于教授的笑话：一位教授喜欢在课上不加解释而直接说"显然有……"，而有一次当被问及一个步骤为什么如何时，他沉思了半个小时，然后满意地自言自语道："嗯，确实，这是显而易见的。"只不过这次他花了两年，而不是半小时。不过在这里，我确实会给出解释。如果你觉得这个解释说不通，你大可跳过——但它还是很好地说明了，将不同的思想以出人意料的方式结合在一起，如何能给出关于高等数学的新洞见。这个解释需要用到一些几何学、一些微分方程以及一点复分析知识。

这里的关键是求解微分方程

$$\frac{\mathrm{d}z}{\mathrm{d}t} = iz$$

其中 z 是时间 t 的复函数且 $z(0)=1$。微分方程课程告诉我们，它的解为

$$z(t)=e^{it}$$

事实上，指数函数 e^w 就可以以这种方式**定义**。

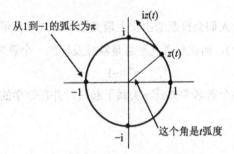

微分方程的几何诠释

现在让我们看看这个微分方程的几何诠释。乘以 i 相当于逆时针旋转 90 度，所以 iz 与 z 成直角。因此，解 $z(t)$ 在任意一点处的切向量 $iz(t)$ 总是与这一点的位置向量成直角，并且后者长度为 1。因此，解 $z(t)$ 总是在单位圆上，并且点 $z(t)$ 绕这个圆移动的角速度为 1 弧度每秒。（一个角的**弧度**是对应于那个角的单位圆的弧长。）单位圆的周长是 2π，所以当 $t=\pi$ 时，点 $z(t)$ 恰好移动了半个圆，也就是到了点 $z=-1$。因此，$e^{i\pi}=-1$，即欧拉公式。

这个解释里的所有要素都众所周知，但它本身却似乎不那么为人所知。它的一大优点是解释了为什么圆（引出 π）与指数（通过 e 定义）会被牵扯到一起。因此，通过将不同的背景知识巧妙组合到一起，欧拉公式将不再神秘。

复电话

"您好，您所拨打的号码是虚号，请将电话旋转90度后再拨。"

撬动地球

"给我一个支点，我将撬动整个地球。"阿基米德如是说。利用自己新发现的杠杆原理，阿基米德相信以下等式成立：

阿基米德施加的力×阿基米德与支点之间的距离
=地球的质量×地球与支点之间的距离

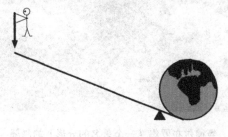

杠杆原理

虽然我不认为阿基米德对于地球在太空中的位置感兴趣，但他显然希望支点是固定的。他也需要一根零质量的完美刚体的杠杆，并且他很可能没有意识到他还需要大小处处相同的万有引力（这与天文学事实相反），以便将质量转换为重量。这都没关系，我也无意去讨论惯性或其他吹毛求疵的事情。暂且假定他所需要的所有条件都得到满足。现在我的问题是：当地球被撬动时，它移动了多少距离？阿基米德又有什么办法以更省力的方式达到同样的效果？

详解参见第286页。

分形：大自然的几何学

　　时不时地，数学中会冒出一个全新的领域。而这其中近年来广为人知的一个是**分形几何学**（"分形"一词由伯努瓦·曼德尔布罗在1975年首先引入）。简单来说，分形几何学试图通过数学方法描述自然界看似不规律的现象，并揭示其背后隐藏的结构。这一领域最广为人知的是那些由计算机生成的复杂而美丽的图形，但它远不止于此。

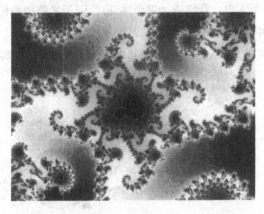

曼德尔布罗集（一个著名的分形）的局部

　　欧几里得几何的传统形状是三角形、正方形、圆形、圆锥体、球体等。这些形状相对简单，特别是，它们没有精细结构。例如，如果你将一个圆形不断放大，那么它的任何一个部分会越来越像一条平淡无奇的直线。像这样的形状在科学中起着重要作用——比如，地球可以看作是一个球体，并且对于很多研究目的而言，这种程度的细节已经足够了。

　　但自然界的许多形状要复杂得多。树枝丫交错，云变化万端，山脉绵延起伏，海岸线参差不齐……为了从数学上理解这些形状，并解决与它们相关的问题，我们需要新的数学。顺便一提，与它们相关的问题层出不穷：树如何消减风的威力？波浪如何侵蚀海岸线？水如何从山上奔涌入河？这些都是与生态和环境有关的实际问题，而不仅仅是理论问题。

海岸线是个很好的例子。它们是曲曲折折的曲线，但你无法套用任何传统的曲线。海岸线有一个有趣的特性：不论在什么比例尺的地图上，它们看上去都差不多一样。如果地图显示了更多细节，那么你可以从中找出更多的曲折。但尽管具体形状会发生改变，但其"纹理"似乎都差不多。用行话来说就是"统计自相似"。不论你放大多少倍，一条海岸线的所有统计特征（比如给定一定相对范围的海岸线，其中海湾所占的比例）都是相同的。

曼德尔布罗引入"分形"一词来描述那些不论你放大多少倍，它都具有精细结构的形状。它不一定需要是统计自相似的——但这样的分形我们更容易理解。而那些精确自相似的分形性质更好，也正是它们当初催生了这个领域的诞生。

大约在一个世纪前，数学家们出于各种常人难以理解的目的发明了许多稀奇古怪的形状。这些形状不仅是统计自相似的——它们是精确自相似的。也就是说，适当放大后，结果看上去与原来的形状一模一样。其中最著名的当属黑尔格·冯·科赫在1904年发明的**雪花曲线**。它由下边右图的三个副本组合而成。

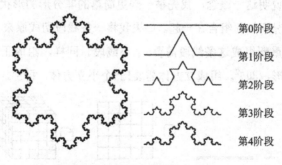

雪花曲线及其构造过程的各阶段

　　组成雪花的曲线（但不是整个雪花）是精确自相似的。你可以看到，其构造过程的每一阶段是由上一阶段的四个副本组合而成的，其中每个副本是原来大小的三分之一。四个副本像在第1阶段那样组合在一起。这个过程无限进行下去，我们便得到了一个无限精致的曲线，它由自己的四个副本组合而成，而每个副本都是原来大小的三分之——所以它是自相似的。

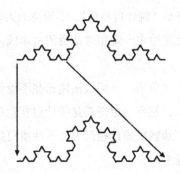

取曲线的四分之一，并放大三倍，结果看上去与原来的曲线一模一样

　　这种形状太规则了，不可能用来表示实际的海岸线，但它毕竟有着相近的曲折程度，而以类似方式生成的不那么规则的曲线就看上去与真正的海岸线差不多了。曲折程度可以用**分形维数**来表示。

　　为了说明这一概念，我先举一些更简单的非分形的形状，看看它们在不同情况下如何组合在一起。如果我将一条线段切成原来大小1/5的小线段，则重新组成这条线段需要5个小线段。同样，组成正方形需要25个小正方形，即5^2。组成立方体需要125个小立方体，即5^3。

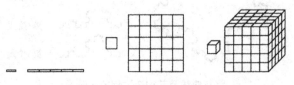

1、2、3维下的组合

这里出现的5的幂次与形状相应的维数一致：直线为1，正方形为2，立方体为3。一般而言，如果维数为d，并且我们需要将k个原来大小$1/n$的小形状组合成原来的形状，则$k=n^d$。对两边取对数，我们得到

$$d = \frac{\log k}{\log n}$$

现在，深吸一口气，我们来对雪花曲线应用这个公式。雪花由四个副本组合而成，其中每个副本是原来大小的三分之一，所以$k=4, n=3$。代入上面的公式，我们得到

$$d = \frac{\log 4}{\log 3}$$

它约等于1.2618。因此，雪花曲线的"维数"并不是整数！

如果我们仍希望将"维数"视为自由度的数目，则这是极糟的。但如果我们希望得到一个度量曲折程度的数值，则这是极好的。这样我们就可以说，一条1.2618维的曲线比一条1维的曲线（比如直线）更曲折，但它又不如一条1.5维的曲线曲折。

定义分形维数的方式有很多。其中大多数对于不是自相似的分形也适用。数学家常用的一种称为**豪斯多夫－贝塞科维奇维数**。它不容易定义和计算，但它有着很好的性质。物理学家常用一种更简单的版本，称为**计盒维数**。它很容易计算，但缺少几乎所有豪斯多夫–贝塞科维奇维数的好性质。尽管如此，这两种维数常常是相同的。所以人们用分形维数来统称它们。

分形不一定需要是曲线，它们也可以是非常精致的曲面或实心体，或者更高维数下的形状。这时分形维数度量的是分形的粗糙程度以及填充空间程度。分形维数在分形的大部分（理论和实际）应用中都会出现。例如，实际的海岸线的分形维数一般接近于1.25——出人意料地接近于雪花曲线的维数。

分形一路走来，现在已经成为数学建模的常规工具，在科学各领域中得到广泛应用。它们也是一种视频压缩技术的基础。不过，分形最有趣的应用还是在自然界中，作为很多生物的几何形状。一个很好的例子是一种名为青宝塔的花椰菜。它在很多超市里都能见到。它上面每个宝塔状小花球与整个花球一般不二，并且所有一切都排成一系列不断缩小的斐波那契螺线。而这个例子只不过是植物分形结构的冰山一角。尽管对此我们还知之甚少，但有一点已然明确，即分形结构源自植物的生长方式，而这又是由它们的遗传基因控制的。所以它们的几何形状绝不只是为了好看。

青宝塔——没有比这更自相似的了

分形的应用非常广泛，从矿物的精细结构到整个宇宙的形状，不一而足。分形形状也被用于制造手机的天线，因为这样的形状更有效率。分形图像压缩技术可以将大量数据装进CD和DVD中。甚至在医学中也能见到分形的踪影。例如，分形几何学可被用来检测癌细胞，因为癌细胞表面有褶皱，从而比正常细胞有更高的分形维数。

大约十年前，一个生物学家团队（杰弗里·韦斯特、詹姆斯·布朗和布赖恩·恩奎斯特）发现分形几何学可以解开某个由来已久的谜团。科学家早已发现，生物的行为、形态和生理等特征与体型（一般用体重表示）之间存在着一种定量关系。例如，很多动物的新陈代谢率似乎与它们的体重的3/4次幂成比例，而胚胎发育的时间似乎与成年个体体重的−1/4次幂成比例。这里的谜团在于这个分数1/4。一条涉及1/3的幂定律可以用体积来解释，因为体积与生物体长的三次方成比例。但1/4（以及相关的3/4或−1/4）一直以来都没有找到很好的解释。

这个团队的思路很漂亮：生物生长所受的一个根本限制因素是，如何将体液（比如血液）输送到身体的各个角落。大自然通过建造一个由动脉、静脉和毛细血管构成的网络来解决这个问题。这样一个网络的设计应遵循三条基本原则：它应该能抵达身体的各个角落，它应该能以尽可能少的能量输送体液，以及它最小的血管应该差不多同样大小（因为毛细血管不可能比血细胞还小，否则血液就无法流通）。那么满足这三个条件的形状是什么？研究团队给出的回答是，空间填充的分形，其精细结构在有限大小（也就是单个血细胞大小）处截断，而不是无限延伸下去。根据这一思路，再结合其他重要的物理和生理细节（比如血管的弹性以及心脏跳动引起的血液脉冲），他们预测生物的生物学特征是体型的幂函数，而其幂次为1/4的倍数。

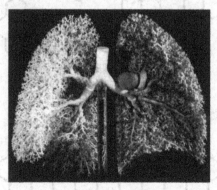

肺部血管的分形分支

❦ 缺失的符号 ❧

将一个标准数学符号放在4和5之间，得到一个大于4且小于5的数。详解参见第286页。

❦ 有志者墙竟成 ❧

在六边郡，农民的田地由用当地石头砌成的围墙来分隔。而出于某种原因，这些石头都是由相同的六边形石块相连而成的。（也许是因为这些石头开采自六边形玄武岩柱，就像在巨人堤道的那些。）不管怎样，农民霍格斯维尔有七块石头，每块石头均由四个六边形组成。事实上，这七块石头恰好是四个六边形的七种可能组合：

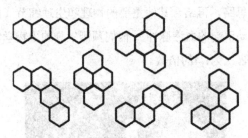

用七块石头……

他需要砌成一面如下形状的围墙：

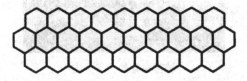

……砌成这样一面围墙

他怎样才能做到？（如有必要，可以将这些石头旋转和翻面，以获得它们的镜像。）

详解参见第286页。

⌘ 一些常数的前 50 位 ⌘

π=3.141 592 653 589 793 238 462 643 383 279 502 884 197 169 399 375 10…

e=2.718 281 828 459 045 235 360 287 471 352 662 497 757 247 093 699 95…

$\sqrt{2}$ =1.414 213 562 373 095 048 801 688 724 209 698 078 569 671 875 376 94…

$\sqrt{3}$ =1.732 050 807 568 877 293 527 446 341 505 872 366 942 805 253 810 38…

log 2=0.693 147 180 559 945 309 417 232 121 458 176 568 075 500 134 360 25…

φ=1.618 033 988 749 894 848 204 586 834 365 638 117 720 309 179 805 76…

γ=0.577 215 664 901 532 860 606 512 090 082 402 431 042 159 335 939 92…

δ=4.669 201 609 102 990 671 853 203 820 466 201 617 258 185 577 475 76…

其中φ是黄金比例（参见第94页），γ是欧拉常数；δ是法伊根鲍姆常数（它对混沌理论很重要），参见：

en.wikipedia.org/wiki/Feigenbaum_constants

⌘ 里夏尔悖论 ⌘

1905年，法国逻辑学家朱尔·里夏尔给出了一种非常有趣的悖论。在英语中，有些句子定义了某些正整数，而有些句子没有。例如，"《美国独立宣言》发表的年份"定义了1776，而"《美国独立宣言》的历史意义"则没有定义某个数。那么下面这句话呢？"无法用不超过二十个字的句子定义的最小数"。注意到不论这个数具体是什么，我们刚刚用一个仅包含十九个字的句子定义了它。真糟糕！

很容易想到，如果刚才提到的那个句子实际上并没有定义一个具体的数，那么这就没有什么悖论可言，因为那句话并没有自相矛盾。所以我们必须确定这个设想的数（无法用不超过二十个字的句子定义的最小数）是否确实存在。

如果我们承认英语中的单词数是有限的，则不超过二十个单词（字）的句子的数目也是有限的。当然，在这些句子中，很多根本说不通，而在说得通的句子中，又有很多没有定义某个正整数——但所有这些只是意味着我们需要考虑的句子数目会少些而已。剩下的句子定义了一个有限的正整数集，而根据一个标准的数学定理（鸽笼原理），在这样的情况下，必定存在一个不在该集合中的最小正整数。所以从表面上看，刚才的那个句子必然定义了一个具体的正整数。

但这在逻辑上是不可能的。

还有人可能会说，像"乘以零得零的数"这样有歧义的句子就不会遇到这样的困境，因为它定义了所有正整数，安全得万无一失。但如果一个句子是有歧义的，则它无法称为一个定义，因为一个有歧义的句子不能**定义**任何事情。那么刚才提到的那个句子是否有歧义呢？显然，这里唯一性并不成问题：不可能有**两个**不同的……的最小数，因为其中一个必定要小于另一个。

解决悖论的关键在于，我们无法以有限的字词来确定某些句子定义了或者没有定义一个正整数。例如，如果我们按某种顺序将这些句子检查一遍，依次排除没有定义正整数的句子，则能留下来的句子取决于它们被检查时的先后顺序。假设有这样两个前后相邻的句子：

(1) 下一个有效句子中的数加1。

(2) 上一个有效句子中的数加2。

这两个句子不可能同时有效，否则它们就互相矛盾了。但一旦我们排除了其中一个，另一个就是有效的，毕竟它现在指涉的是另一个完全不同的句子。

禁止这类句子并不会使我们的处境变轻松些，哪怕越来越多的句子会由于各种原因被剔除出去——这些句子虽然表面看上去定义了一个具体的数，但实际上并没有。

～ 水电气三通 ～

有三幢房子需要接到供水、供电和供气的三家公用事业公司。每幢房子都需要接到**所有三家**公司。你能不使连接交叉而做到这一点吗？

（必须在"平面上"做——无法通过管道或线缆的上方或下方。也不允许将线缆穿过房子或公用事业公司。）

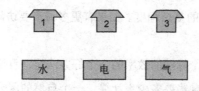

将房子接到公用事业公司，且连接不可交叉

详解参见第287页。

～ 困难的问题实际上很简单? ～

或者如何通过证明显而易见的事情赢得百万美元奖金？自然，事情不会**那么**显而易见，毕竟正如科幻小说作家罗伯特·海因莱因所说，TANSTAAFL（世上没有免费午餐）。但人总要有点梦想嘛。

我在这里指的是七个千年奖问题(参见第123页)中的一个,解决这个问题的人将会赢得百万美元奖金。它的技术性名称是P=NP?问题。名字听上去有点傻,但它所讨论的话题意义重大:计算机计算效率的固有极限。

计算机通过运行(由一系列指令构成的)程序解决问题。一个总在得出正确解答(假设计算机始终按设计者的要求行事)后中止的程序称为**算法**(algorithm)。这个英文词源自生活在公元800年前后的波斯数学家阿布·阿卜杜拉·穆罕默德·伊本·穆萨·花拉子米(al-Khwārizmī)。他还给我们留下了另一个英文词algebra(代数),后者源自他的《通过还原和平衡进行计算》(*Hisab al-jabr w'al-muqabala*)一书。

算法可以用来解决特定一类问题,但如果它不能在合理的时间内给出结果,那它在实践中也是毫无用处的。这里的理论问题不在于计算机的运行速度有多快,而在于算法的实现需要多少步计算。不过,对于特定一类问题(比如找到依次访问若干个城市的最短路线),计算的步数还要取决于问题的复杂程度。如果有更多城市要访问,计算机也需要进行更多计算。

因此,度量一个算法的效率的一个好办法是,看这个算法解决一个给定复杂程度的问题需要多少步计算。一个自然的区分是,如果所需的计算是输入数据的某个固定次幂,则这样的计算是"简单"的;若所需的计算增长得快得多,往往呈指数次,则这样的计算是"困难"的。比如,两个n位数相乘,使用传统的长乘法,大约可以在n^2步内完成,所以这种计算是"容易"的。另一方面,求一个n位数的质因子,如果你逐个尝试小于n的平方根的每个可能的除数(这是最显而易见的方法),则大约需要3^n步,所以这种计算是"困难"的。我们称相应的算法分别能在**多项式时间**(P类)和**非多项式时间**(非P类)内完成。

找出给定一个算法能多快完成是相对简单的。更难的是,判断是否还有其他算法可能更快。最难的则是，证明你所找到的是所有有效算法中最快的，而对此我们基本上无能为力。因此，我们原本认为很困难的问题有可能事实证明其实很容易，只要我们能够找到更好的解决办法。而这正是可以赢得百万美元的地方——只要有人能证明某个具体问题不可避免总是困难的（也就是说，不存在解决这个问题的、可在多项式时间内完成的算法），或者另一种可能性，世上没有困难问题（尽管从现实的世道看来，这似乎不太可能）。

不过在你开始着手试图赢取百万奖金之前，有几件事你需要注意。首先，有一类"平凡"的问题是困难的，只是因为它的**结果**非常庞大。"列出前n个自然数的所有可能排列"就是一个很好的例子。无论解决这个问题的算法有多快，它都至少要花$n!$步才能输出结果。所以这类问题需要单独考虑，它们也被称为可在**非确定性多项式时间（NP）**内完成的问题。（注意到NP不同于非P。）对于这些问题，你可以在多项式时间内（也就是说，很容易地）验算一个可能的**答案**。

NP问题的另一个我常说的例子是拼图。它有时可能很难求解，但如果有人给你看一幅声称已经完成的拼图，你立马就可以看出他有没有拼对。一个更数学的例子是，找出一个数的因子：除一下，验算它是否能除尽，要比一开始找到那个因子容易得多。

P=NP?问题问的是，是否每个NP问题都属于P类。也就是说，如果你能很容易地验算一个可能的答案，那你也能很容易地**找到**这个可能的答案吗？经验告诉我们，回答很可能是"不能"——找到答案总是事情最难的部分。但还没有人能证明这一点，也无法完全确定事实就是如此。所以要是你能证明P不同于NP，或者相反地，两者相等，百万大奖你是受之无愧的。

最后还有一点，事实证明，所有可能表明P≠NP的问题在某种意义上都是等价的，因为任何NP问题可以在多项式时间内转化为任何特定**NP完**

全问题的一个特例。不严格地说，NP完全问题是NP类中"最难"的问题，它们最可能不属于P类。几乎所有可能表明P≠NP的问题现在已知都是NP完全的。而由此得到的一个闹心结论是，在证明P≠NP上，没有哪个具体问题比其他问题更合适——它们要么一荣俱荣，要么一损俱损。简言之：我们知道**为什么P=NP?**问题必定是个非常困难的问题，但这一点对于我们解决它毫无帮助。

我想，想必还有其他简单得多的赚取一百万的门路吧。

不要选到山羊

曾有一档由蒙蒂·霍尔主持的美国电视游戏节目。在节目中，嘉宾要在三扇门中选一扇。其中一扇门后有高额大奖，比如说一辆跑车。其他两扇门后则是安慰奖——一只山羊。

在嘉宾作出选择后，霍尔将打开其他两扇门中的一扇，露出一只山羊。（他总能做到这一点，因为还有两扇门可选，而他知道跑车在哪扇门后。）然后他会给嘉宾一个机会改变主意，重新选择一扇没有打开的门。

很少有人会利用这个机会——出于自认为或许很好的理由（我将在最后解释）。但暂且先让我们不用考虑那么深，并假定跑车以相同的概率（1/3）出现在某扇门后。我们还将假定每个人都事先知道，霍尔**总是**会打开一扇门，露出山羊，并给嘉宾一个机会改变主意。那么他们应该改变主意吗？

不改变主意的论证是这样的：剩下两扇门后是跑车或山羊的概率是相等的。由于概率是五五开，所以没有必要改变主意。

真是这样吗？

详解参见第288页。

所有三角形都是等腰三角形

　　下面这个谜题需要用到一些现在不再在学校教授的欧几里得几何知识……不过只要你愿意相信我，接受几个事实，它仍然是很好懂的。

　　等腰三角形有两条边相等。（第三条边也可以相等，这样它就是**等边三角形**了，但它也算等腰三角形。）由于很容易绘制出三条边都不相等的三角形的反例，所以本节的标题显然是**错**的。尽管如此，下面是一个试图证明它是对的几何证明。

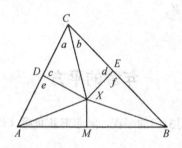

这是个等腰三角形，尽管它明显不是

　　(1) 取任一三角形*ABC*。

　　(2) 绘制一条直线*CX*，将顶角*C*平分，使得角*a*等于角*b*。在底边*AB*的中点处绘制一条直线*MX*，使之与底边垂直，则有*AM=MB*。它与前面的直线*CX*相交于三角形内的一点*X*。

　　(3) 从*X*向另外两个角*A*和*B*绘制直线。绘制*XD*和*XE*，使得角*c*, *d*, *e*和*f*都是直角。

　　(4) 三角形*CXD*和*CXE*是**全等**的。也就是说，它们有相同的形状和大小（不过其中一个是另一个的翻转）。理由是，角*a*等于角*b*，角*c*等于角*d*，且边*CX*是两个三角形的公共边。

　　(5) 因此，*CD=CE*。

(6) $XD=XE$。

(7) 由于M是AB的中点，且MX垂直于AB，所以$XA=XB$。

(8) 现在有三角形XDA和XEB是全等的。理由是，$XD=XE$，$XA=XB$，角e等于角f。

(9) 因此，$DA=EB$。

(10) 结合第5步和第9步，$CA=CD+DA=CE+EB=CB$。因此，三角形ABC是等腰三角形。

其中哪里出错了？（提示：并不是因为使用了全等三角形。）

详解参见第290页。

年龄的平方

时值2001年12月31日的午夜，阿尔菲和贝蒂（均不到六十岁）谈论起了日历。

"曾经某一年是我父亲的年龄的平方，"贝蒂不无骄傲地说，"他活到了一百岁！"

"将来某一年会是**我的**年龄的平方，"阿尔菲答道，"不过我不知道自己能否活到一百岁。"

贝蒂的父亲和阿尔菲分别出生于哪一年？

详解参见第290页。

哥德尔定理

1931年，数理逻辑学家库尔特·哥德尔证明了两个重要定理，揭示出数学的形式系统的威力有其限度。哥德尔当时是在响应由大卫·希尔伯特提出的一个研究计划，后者试图使整个数学建基于一些公理之上。也就是说，列出一系列基础假设，或者说"公理"，并从这些公理推导出数学的其他部分。此外，希尔伯特还希望能够证明以下两个关键性质：

- □ 系统是**逻辑一致的**——它不可能推导出两个互相矛盾的命题；
- □ 系统是**完备的**——每个命题要么被证明，要么被证否。

希尔伯特设想的这种公理"系统"比比如算术更为基础，而有点像格奥尔格·康托在1879年提出并在后来加以发展的集合论。从集合出发，可以定义整数、基本算术运算、负数、有理数、实数和复数，等等。因此，以集合论作为公理基础，也可以对数学的其他部分如法炮制。并且只要证明集合论的公理系统是逻辑一致且完备的，则数学的其他部分便也被证明是如此。由于集合论在概念上比算术更简单，这似乎是个合理的方法。事实上，伯特兰·罗素和艾尔弗雷德·诺思·怀特海在其三卷巨著《数学原理》中甚至已经提出了一个候选的公理化集合论。此外也有一些其他方案。

在希尔伯特的大力推动下，其计划的相当一部分成功得到了推进，但在哥德尔开始这方面研究时，仍有许多空白有待填补。然后，哥德尔1931年的论文《论〈数学原理〉及相关系统中的形式上不可判定的命题：第一部分》证明了这样的方法无法获得成功，从而彻底摧毁了希尔伯特的计划。

在这篇论文中，哥德尔花了大量篇幅给出严谨的逻辑上下文，并小心避免一些微妙的逻辑陷阱。事实上，论文的大部分篇幅都被用来铺垫一些非常技术性的重要概念，包括哥德尔数、递归可枚举集等。论文的高潮部分是两个重要定理。它们可非正式地表述如下：

- □ 在一个内容丰富到足以包含算术的形式系统中，存在**不可判定**的命题——这些命题在该系统中既不能被证明，也不能被证否。

❑ 如果一个内容丰富到足以包含算术的形式系统是逻辑一致的，则不可能在该系统中证明它本身的逻辑一致性。

第一条定理并不只是表明，对于某些特定命题，证明或证否它们是困难的，而是指出这样的证明和证否不存在。这意味着"真"与"假"之间的逻辑区别不等同于"可证明"与"可证否"之间的区别。在常规的形式逻辑中（包括在《数学原理》中所用的），每个命题要么为真，要么为假，不可能同时为两者。由于任一真命题（P）的否定（非P）为假，而假命题的否定为真，所以常规的逻辑遵循"排中律"：给定任一命题P，P和非P中只有一个为真，而另一个为假。要么2+2等于4，要么2+2不等于4。两者必取其一，不可能同时为两者。

现在，如果P被证明，则P必定为真——这是数学家确认数学定理为（在数学意义上）真理的方法。而如果P被证否，则P必定为假，非P必定为真。但哥德尔证明了，对于某些命题P，不论是P还是非P都不可被证明。所以一个命题可被证明，可被证否，或者既不能可被证明，也不能被证否。如果是既不能被证明，也不能被证否，则我们称这个命题"不可判定"。因此，现在有了第三种可能性，无法再排"中"了。

在哥德尔之前，数学家们都乐于假定，任何为真的都可被证明，而任何为假的都可被证否。找到一个证明或证否可能会非常困难，但没有理由怀疑证明或证否的存在性。因此，他们将"可证明"视同为"真"，而将"可证否"视同为"假"。并且他们也更乐于使用证明和证否这样的实践概念，而不是真和假这样深奥棘手的哲学概念，所以他们大多满足于证明和证否。而当他们意识到这样的概念留下了逻辑空白，某种逻辑无人区时，他们不免深感困扰。

哥德尔的不可判定命题是逻辑悖论"这个命题为假"（或者更准确地，"这个命题不可被证明"）的形式化版本。然而在数理逻辑中，一个命题不允许指涉它自身——事实上，所谓"这个命题"并不是某种在相关形式系统中有意义的东西。但哥德尔找到了一种巧妙的方法，通过为每个形式化命题指派一个哥德尔数，达到了同样的结果而又没有破坏逻辑规则。这样，任一命题的一个证明就对应于一个哥德尔数序列。形式系统可以为算术建模，但算术也可以为形式系统建模。

通过这样的构造，并假定形式系统是逻辑一致的，大意为"这个命题不可被证明"的命题P必定是不可判定的。如果P可被证明，则P为真，进而根据其语意，P不可被证明——出现矛盾。但该系统被假定是逻辑一致的，所以这样的事情不可能发生。另一方面，如果P不可被证明，则P为真，进而非P不可被证明。所以P和非P都不可被证明。

从这里只需一小步便可得到第二条定理（如果形式系统是逻辑一致的，则不可能在该系统中证明它本身的逻辑一致性）。我一直认为，这是相当合理的。不妨把算术看作是一名二手车销售人员。希尔伯特想问销售人员"你诚实吗？"，并得到了对方信誓旦旦的回答。但哥德尔指出，问销售人员这个问题，并得到肯定的回答，这并不能保证他是诚实的。你会因为别人告诉你他说的是实话就相信他的话吗？法庭肯定不会。

由于技术上的复杂性，哥德尔是在一个特定的算术形式系统中（也就是在《数学原理》中所用的）证明的他的定理。所以一个可能的推论是，这个系统是不合适的，我们需要某个更好的系统。但哥德尔在论文的引言中已经指出，类似的论证也适用于其他任何替代的算术形式系统。变动公理并没有什么帮助。后续的研究者补充上了更多必要的细节，将希尔伯特的计划彻底盖棺定论。

几个重要的数学问题现在已知是不可判定的。其中最著名的很可能是图灵机的停机问题——它实际上是要找到一种方法，用以事先确定一个计算机程序是否最终会得到答案并终止，还是会永远运行下去。艾伦·图灵证明了，有些程序是不可判定的——没有办法证明它们会最终终止，也没有办法证明它们不会。

如果 π 不是个分数，那如何能算出它？

我们在学校学到的 π 的近似值22/7并不精确，甚至可以说很不精确。但能用如此简单的分数来近似表示，这已经很不错了。由于我们知道 π 无法确切表示成一个分数，所以如何将它计算到非常高的精度其实并不是那么显而易见。数学家使用了很多巧妙的公式来表示 π 的精确值。它们都是精确的，并且都用到了一些不断进行、直到永远的过程。而只要在"永远"之前的某一步停下，我们便能得到一个 π 的近似值。

事实上，数学给我们提供的选择多不胜收，因为 π 的魅力之一正在于它会出现在大量各式各样的美丽公式当中。它们常常是无穷级数、无穷乘积或无穷分数（用省略号...表示）——这应该毫不奇怪，毕竟 π 没有简单的有限表达式，除非你使用微积分。下面是几个精彩的例子。

首先是 π 最早的一批表达式之一，由弗朗索瓦·韦达在1593年发现。它与 2^n 边形有关：

$$\frac{2}{\pi} = \sqrt{\frac{1}{2}} \times \sqrt{\frac{1}{2} + \frac{1}{2}\sqrt{\frac{1}{2}}} \times \sqrt{\frac{1}{2} + \frac{1}{2}\sqrt{\frac{1}{2} + \frac{1}{2}\sqrt{\frac{1}{2}}}} \times \cdots$$

接下来一个是约翰·沃利斯在1655年发现的：

$$\frac{\pi}{2} = \frac{2}{1} \times \frac{2}{3} \times \frac{4}{3} \times \frac{4}{5} \times \frac{6}{5} \times \frac{6}{7} \times \frac{8}{7} \times \frac{8}{9} \times \cdots$$

在约1675年，詹姆斯·格雷果里和戈特弗里德·莱布尼茨都发现了：

$$\frac{\pi}{4} = 1 - \frac{1}{3} + \frac{1}{5} - \frac{1}{7} + \frac{1}{9} - \frac{1}{11} + \frac{1}{13} - \cdots$$

它收敛得太慢，对计算 π 没有什么帮助；也就是说，想借此得到一个很好的近似值，需要用到太多项。不过，一些与此密切相关的级数在18和19世纪被人们用来计算 π 的前几百位小数。在17世纪，布龙克尔勋爵发现了一个无穷"连分数"：

$$\pi = \cfrac{4}{1+\cfrac{1^2}{2+\cfrac{3^2}{2+\cfrac{5^2}{2+\cfrac{7^2}{2+\cdots}}}}}$$

欧拉也发现了如下一堆公式：

$$\frac{\pi^2}{6} = 1 + \frac{1}{2^2} + \frac{1}{3^2} + \frac{1}{4^2} + \frac{1}{5^2} + \cdots$$

$$\frac{\pi^3}{32} = 1 - \frac{1}{3^3} + \frac{1}{5^3} - \frac{1}{7^3} + \frac{1}{9^3} - \frac{1}{11^3} + \cdots$$

$$\frac{\pi^4}{90} = 1 + \frac{1}{2^4} + \frac{1}{3^4} + \frac{1}{4^4} + \frac{1}{5^4} + \frac{1}{6^4} + \cdots$$

（顺便一提，似乎没有公式基于

$$1 + \frac{1}{2^3} + \frac{1}{3^3} + \frac{1}{4^3} + \frac{1}{5^3} + \frac{1}{6^3} + \cdots$$

这很让人困扰，至今没有得到解释。特别是，这个和不是任何简单有理数乘以π^3。我们已经知道这个序列的和是无理数。）

对于其他公式，我们将使用求和符号。这样我们可以将公式以更简洁的形式写出，比如前面有关$\pi^2/6$的无穷级数可改写成：

$$\frac{\pi^2}{6} = \sum_{n=1}^{\infty} \frac{1}{n^2}$$

让我将各部分说明一下。求和符号Σ是希腊字母西格马的大写，表示将它右边的所有数，这里是$1/n^2$，加在一起。Σ下面的"$n=1$"表示我们从$n=1$开始加起，而根据惯例，n是依次增加的正整数。Σ上方的∞表示"无穷"，告诉我们一直加这些数，直到永远。所以它与前面看到的无穷级数是一回事，只是换了个说法：对于$n=1, 2, 3, \ldots$，将项$1/n^2$相加。

在约1985年，乔纳森·博温和彼得·博温兄弟发现了以下级数：

$$\frac{1}{\pi} = \frac{2\sqrt{2}}{9801} \sum_{n=0}^{\infty} \frac{(4n)!}{(n!)^4} \times \frac{1103+26390n}{(4\times99)^{4n}}$$

它收敛得极快。1997年，戴维·贝利、彼得·博温和西蒙·布卢夫发现了一个前所未见的公式：

$$\pi = \sum_{n=0}^{\infty} \left(\frac{4}{8n+1} - \frac{2}{8n+4} - \frac{1}{8n+5} - \frac{1}{8n+6} \right) \left(\frac{1}{16} \right)^n$$

它有什么特别之处？它允许我们计算π的具体某一位，而无需先计算前面的那些位。唯一美中不足的是，它给出的不是π的十进制表示，而是十六进制表示（由此进而可得到相应的八进制、四进制、二进制表示）。1998年，法布里斯·贝拉尔利用改进后的公式计算出π的十六进制表示的第1000亿位为9。在接下来的两年时间里，这一记录被提高到了十六进制表示的250万亿位（二进制表示的1000万亿位）。

截至本书写作时，π的十进制表示的记录是由金田康正及其同事保持的，他们在2002年计算出了π的前12 411亿位。

～ 无穷收益 ～

在概率论的早期，人们（主要是一门四代都出杰出数学家的伯努利家族的一些成员）花大力气研究过一个奇怪的谜题——**圣彼得堡悖论**。

你跟银行玩掷硬币。你连续掷硬币，直到它首次出现正面朝上。你在此之前连续掷硬币的次数越多，银行付给你的钱就越多。事实上，如果你在第一次掷硬币时就得到正面朝上，银行会付给你2英镑。如果你在第二次掷硬币时得到正面朝上，银行会付给你4英镑。而如果你在第三次掷硬币时得到正面朝上，银行会付给你8英镑。一般而言，如果你在第n次掷硬币时得到正面朝上，银行会付给你2^n英镑。

问题是：你愿意付给银行多少钱来玩这个博弈？

为了回答这个问题，你需要计算长期来看你的"预期"收益，而概率论可以告诉你如何计算。在第一次掷硬币时得到正面朝上的概率是1/2，然后你赢得2英镑，所以第一次掷硬币时的预期收益是1/2×2=1英镑。

在第二次掷硬币时才得到正面朝上的概率是1/4，然后你赢得4英镑，所以第二次掷硬币时的预期收益是$1/4 \times 4 = 1$。如此这般继续，第n次掷硬币时的预期收益是$1/2^n \times 2^n = 1$。加总起来，你的预期收益是

$$1+1+1+1+\cdots$$

预期收益是无穷大的。因此，你应该付给银行无穷多钱来玩这个博弈。

问题（如果有的话）出在哪儿？

详解参见第291页。

听天由命

两位大学数学系学生在考虑如何安排晚上的活动。

"我们来掷硬币，"一位学生说，"如果正面朝上，我们就去喝啤酒。"

"很好！"另一位说，"如果背面朝上，我们就去看电影。"

"行啊。如果硬币落地时是竖着的，我们就去学习。"

题外话：我一生中遇到过两次硬币竖着落地的情况。一次是在我十七岁时，当时我和几个朋友玩游戏，硬币卡在了桌子的缝隙里。另一次是在1997年，当时我通过BBC做皇家科学院圣诞讲座。我们用聚苯乙烯做了一枚很大的硬币，让观众席上的一位年轻女士扔在一个平底锅里。她第一次扔下去时，硬币稳稳当当地立在了锅里。

但不得不说，那是枚相当厚的硬币。

又有多少……

……桥牌手牌的不同组合？

53 644 737 765 488 792 839 237 440 000

以上是区分东南西北家谁持有这些手牌时的数量。如果不加区分，则需要除以8（北家与南家以及西家与东家的配对必须得到保留），得到

6 705 592 220 686 099 104 904 680 000

……宇宙中的质子（根据阿瑟·斯坦利·爱丁顿爵士的说法）？

136×2^{256}=15 747 724 136 275 002 577 605 653
961 181 555 468 044 717 914 527 116
709 366 231 425 076 185 631 031 296

……重新排列前一百个自然数的方式？

93 326 215 443 944 152 681 699 238 856 266 700 490 715
968 264 381 621 468 592 963 895 217 599 993 229 915 608
941 463 976 156 518 286 253 697 920 827 223 758 251 185
210 916 864 000 000 000 000 000 000 000 000

如果你认为"重新排列"不应包括常规的1, 2, 3, …, 100，则数目为

93 326 215 443 944 152 681 699 238 856 266 700 490 715
968 264 381 621 468 592 963 895 217 599 993 229 915 608
941 463 976 156 518 286 253 697 920 827 223 758 251 185
210 916 863 999 999 999 999 999 999 999 999

……零在1 googol中？

100

googol一词由米尔顿·西罗塔在1920年发明，那年他才九岁。他是美国数学家爱德华·卡斯纳的外甥，后者通过《数学与想像》一书使这一术语广为人知。它等于10^{100}，即1后面跟着100个零：

10 000 000 000 000 000 000 000 000 000 000 000
000 000 000 000 000 000 000 000 000 000 000
000 000 000 000 000 000 000 000 000 000 000

……零在1 googolplex中？

10^{100}

googolplex是另一个人造的术语，它等于10的10^{100}次方，即1后面跟着10^{100}个零。要想把它全部写出来，不仅宇宙太小写不下，而且宇宙的

寿命也太短写不完。除非我们的宇宙是一个大得多的多重宇宙的一部分，不过到时，也很难想出为什么有人要这样做。

彩虹是什么形状的?

为什么是这个形状?

我们都记得老师告诉我们的彩虹的形成原因。那是因为阳光照在雨滴上，白光被分解成七色光。每当你正面面对彩虹时，总是太阳在你背后，而雨在你前方。为了加深印象，老师还会用一个三棱镜来演示如何将白光分解成彩虹的各种颜色。

很高明的障眼法。它解释了彩虹的颜色。但彩虹的**形状**呢?

如果只是阳光被雨滴反射，那么为什么不是每次下雨都能见到彩虹呢? 而当彩虹出现时，颜色不是由黑到白，或者之间过渡一些灰色呢? 为什么彩虹是一系列彩色的弧形? 这些弧形又是什么形状呢?

详解参见第292页。

❧ 外星人绑架 ❧

两个外星人想绑架两名地球人，但他们误打误撞将目标对准了猪。

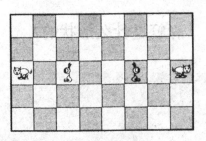

如何捉到猪

首先，每个外星人横向或纵向（但**不能斜向**）移动一格。每个外星人可以自主选取四个方向中的任意一个，而不用管另一个的选择。接着，猪也进行类似的移动。如此交替进行，直到一个外星人移动到一头猪所在的那一格，从而捉到它。但出乎他们意料的是，猪似乎总是能逃脱。外星人哪里做错了？

详解参见第294页。

❧ 黎曼猜想 ❧

如果有一个问题是数学家由衷想解决的，那非黎曼猜想莫属。如果有天纵英才能证明这个定理，众多数学领域将被开辟。而如果有卓绝之士能证否它，则众多数学领域也会被关闭。现如今，这些领域尚处于不明朗的境地。我们可以稍微得见应许之地，但我们也清楚它有可能只是海市蜃楼。

更别说，克莱数学研究所还为此提供了百万美元奖金。

故事要回溯到高斯的时代，也就是约1800年。当时许多数学家发现，虽然质数在数轴上的分布看似相当随机，但总体上看，质数的个数具有明显的**统计**规律性。不大于数x的质数的个数，用$\pi(x)$表示（大概是为了让那些见到π就联想到3.141 59的人感到困惑），具有如下近似：

$$\pi(x) = \frac{x}{\log x}$$

高斯发现了一个更好的近似，用到了**对数积分**：

$$\mathrm{Li}(x) = \int_2^x \frac{\mathrm{d}t}{\log t}$$

发现这条"质数定理"是一回事，证明它则是另一回事，事实证明这非常困难。将一个问题转化为另一个完全不同的问题往往能另辟蹊径，在这个例子中是转化成复分析问题。质数与复函数之间的联系并不是那么显而易见，其中的关键之处是由欧拉最早点破的。

每个正整数都可以写成质数的乘积，并且这些质因子按大小排列后，写法仅有一种。我们可以从解析的角度证明这个基本性质。首先注意到

$$\left(1+2+2^2+2^3+\cdots\right) \times \left(1+3+3^2+3^3+\cdots\right)$$
$$\times \left(1+5+5^2+5^3+\cdots\right) \times \cdots$$

（其中每个括号内的级数会永远继续下去，并且对于所有质数做这样的乘积），等于

$$1+2+3+4+5+6+7+8+\cdots$$

（也就是说，所有正整数的和）。例如，为了找出一个数（比如360）如何而来，我们将它写成质数的乘积

$$360 = 2^3 \times 3^2 \times 5$$

然后从前述等式中找到对应的项（用粗体标出）：

$$\left(1+2+2^2+\mathbf{2^3}+\cdots\right) \times \left(1+3+\mathbf{3^2}+3^3+\cdots\right)$$
$$\times \left(1+\mathbf{5}+5^2+5^3+\cdots\right) \times \cdots$$

当把括号"乘开"时，质数的幂的所有可能乘积都恰好只出现一次。

但不幸的是，这说不通，因为括号内的级数发散，乘积也是如此。不过，如果我们将每一项n用适当的幂n^{-s}替换，并使s足够大，则一切都会收敛。（负号使得当s很大时级数收敛，这样更方便一些。）因此，我们得到公式

$$\left(1+2^{-s}+2^{-2s}+2^{-3s}+\cdots\right)\times\left(1+3^{-s}+3^{-2s}+3^{-3s}+\cdots\right)$$
$$\times\left(1+5^{-s}+5^{-2s}+5^{-3s}+\cdots\right)\times\cdots$$
$$=1+2^{-s}+3^{-s}+4^{-s}+5^{-s}+6^{-s}+7^{-s}+8^{-s}+\cdots$$

（这里我写成1而不是1^{-s}，毕竟它们相等。）只要s是大于1的实数，上述公式就完全说得通。由于有

$$360^{-s}=2^{-3s}\times3^{-2s}\times5^{-s}$$

并且任意正整数都有类似的表示，所以上述公式成立。

事实上，如果$s=a+ib$是复数，且它的实部a大于1，上述公式也完全说得通。上述公式等号右边的级数称为s的**黎曼ζ函数**，用$\zeta(s)$表示，其中ζ是希腊字母泽塔。

1859年，伯恩哈德·黎曼在一篇简短但极富创见的论文中指出，$\zeta(s)$的解析特性能揭示质数深层的统计特性，包括高斯的质数定理。事实上，他能做得更多：通过向高斯的表达式中添加更多项，他可以显著提高$\pi(x)$的近似的精度。无穷多个这样的项（它们本身构成一个收敛级数）将能消除误差。也就是说，黎曼可以借助解析级数写出$\pi(x)$的**精确**表达式。

如果你感兴趣，下面就是他的公式：

$$\pi(x)+\pi\left(x^{1/2}\right)+\pi\left(x^{1/3}\right)+\cdots$$
$$=\mathrm{Li}(x)+\int_x^\infty\left[\left(t^2-1\right)t\log t\right]^{-1}t-\log 2-\sum_\rho\mathrm{Li}\left(x^\rho\right)$$

其中ρ表示ζ函数的非平凡零点。严格来说，当左边有不连续点时，上述公式不是很正确，但这是可以弥补的。你可以对$\pi(x)$再次应用上述公式，将x用$x^{1/2},x^{1/3}$等替换，得到$\pi(x)$的一个更复杂的公式。

一切都很漂亮，但有一点美中不足。为了证明自己的公式是正确的，黎曼需要确认ζ函数具有一个看上去很直观的特性。但不幸的是，他找不到对此的一个证明。

在柯西和高斯之后，所有的复分析学者都知道了，理解任何复函数的最佳方法是找出其**零点**在哪里。也就是说，哪些复数s使得ζ(s)=0？不过首先需要一些巧思妙构，才能使它成为最佳方法，因为在ζ(s)收敛的定义域内，**不存在**任何零点。然而，存在另一个公式，它与ζ函数收敛时相一致，但在级数不收敛时也说得通。这个公式使得我们可以拓展ζ(s)的定义域，使得它对**所有**复数s都说得通。而且这样"解析延拓"后的ζ函数存在零点——事实上，有无穷多个。

其中有些零点是显而易见的。这些"平凡零点"是负偶整数，即–2, –4, –6等。另外一些零点则以a+ib和a–ib的形式成对出现，并且黎曼发现所有这样的零点都有a=1/2。例如，它们中的前三对是

$$\frac{1}{2} \pm 14.13i, \ \frac{1}{2} \pm 21.02i, \ \frac{1}{2} \pm 25.01i$$

这使得黎曼猜想：ζ函数的所有非平凡零点都位于直线1/2+ib上。

如果他能证明这个命题（即著名的**黎曼猜想**），那他就可以证明高斯的π(x)近似公式是正确的。他甚至还可以将它改进为一个**精确**公式。数论的全新领域将被开辟。

但他无法证明，直到今天我们也仍然不能。

最终，质数定理在1896年得到了证明，由雅克·阿达马和德·拉·瓦莱-普桑男爵各自独立作出。他们使用了复分析，但成功找到了一个不涉及黎曼猜想的证明。格扎维埃·古尔东和帕特里克·德米歇尔在2004年通过计算机验证了，ζ函数的前十万亿个非平凡零点都位于那条直线上。你可能会觉得这应该可以为整件事情盖棺定论了，但在数论领域，十万亿是微不足道的，并且它有可能给出错误印象。

黎曼猜想之所以如此重要，有几个原因。如果猜想成立，它能揭示质数的很多统计特性。特别是，黑尔格·冯·科赫在1901年证明了，黎曼猜想成立，当且仅当对高斯公式的误差的估计

$$|\pi(x) - \mathrm{Li}(x)| < C\sqrt{x}\log x$$

对于某个常数C成立。1976年，洛厄尔·舍恩菲尔德证明了，对于所有x≥2657，都可以使用$C=1/8\pi$。（抱歉，数学的这一领域常出现这类事情。）这里的要点是，误差相对于x而言很小，可以告诉我们质数偏离其典型行为的幅度有多大。

当然，黎曼的精确公式也取决于黎曼猜想。还有大量其他数学结果也是如此——部分列表可参见：en.wikipedia.org/wiki/Riemann_hypothesis

然而，黎曼猜想之所以重要的主要原因是（除了"因为它在那儿"），它在代数数论中有众多重要的类比和一般化。有几个类比已经得到了证明。数论学家们隐约感到，如果黎曼猜想的原始形式可以被证明，则其一般化也可以被证明。这些内容技术性太强了，这里就不再展开，有兴趣的可参见：mathworld.wolfram.com/RiemannHypothesis.html

下面我会告诉你一个看似简单但实际等价于黎曼猜想的命题。乍看上去，它似乎人畜无害，无足轻重。但实际上并非如此！它说的是：如果n是一个整数，则将它的因子（包括n本身）的和写成$\sigma(n)$。（这里的σ是希腊字母西格马的小写。）所以有

$$\sigma(24) = 1+2+3+4+6+8+12+24 = 60$$
$$\sigma(12) = 1+2+3+4+6+12 = 28$$

等等。2002年，杰弗里·拉格里亚斯证明了，黎曼猜想等价于不等式

$$\sigma(n) \leqslant e^{H_n}\log H_n + H_n$$

其中H_n是第n个调和数，它等于

$$1+\frac{1}{2}+\frac{1}{3}+\frac{1}{4}+\cdots+\frac{1}{n}$$

哈代与上帝

剑桥大学数学家戈弗雷·哈代（主要研究领域是分析学）声称他相信上帝——但不同于大多数信仰者，他视上帝为自己的冤家。哈代视上帝为仇雠，并且他相信，上帝也视他为对头，毕竟这样才公平。哈代尤其担心进行海上旅行，生怕上帝会让他的船沉没。所以在旅行前，他都会给同事发一封电报："已证明黎曼猜想。哈代。"然后在安全抵达目的地后，他再撤销前言。

正如我们刚才看到的，黎曼猜想是如今数学中最著名的未解难题，也是最重要的问题之一。在哈代的时代自然也是如此。当他的同事问他为什么要发这样的电报时，他解释道，上帝无论如何不会让他死的，否则这会让他得到证明黎曼猜想的至高荣誉（无论其中会有多少争议）。

黎曼猜想的证否

考虑如下论证：

- 大象永远不会忘记事情。
- 在《大智者》知识问答节目中取胜的生物都没有象鼻。
- 永远不会忘记事情的生物总是会在《大智者》节目中取胜，只要它参与了比赛。
- 没有象鼻的生物不是大象。
- 一头大象在2001年参与了《大智者》节目。

因此，黎曼猜想是错误的。

这个推理正确吗？

详解参见第294页。

公园谋杀案

同本书里的其他几个谜题一样，以下这个谜题也出自伟大的英国制谜师亨利·欧内斯特·杜德尼。我稍作了几处小改动。

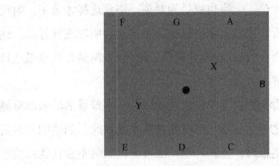

雷文斯代公园

在一场大雪后不久，西里尔·黑斯廷斯从D口进入雷文斯代公园，径直走到标着黑点的位置，随后被刺身亡。他的尸体在第二天早上被人发现，一同被发现的还有雪地上的几道足迹。警察随即封锁了公园。

后续调查发现，每道足迹是由不同的鞋子踩出来的。根据目击者的证词，在谋杀发生的那段时期里，除黑斯廷斯外，公园里还有四名在场者。因此，凶手肯定是他们中的一个。在分析他们的鞋子后，警察作出了如下推断：

- 管家（有证据表明案发时他在房子X中）曾从E口进入，前往X。
- 猎场看守（他没有这样的不在场证明）曾从A口进入，并前往他在Y的小屋。
- 一位当地年轻人曾从G口进入，并从B口离开。
- 小卖部老板娘曾从C口进入，并从F口离开。

这些人都没有进入或离开公园超过一次。

案发当日，雾气弥漫，地上又有积雪，所以这些人往往无法走直线。

警察也确实注意到没有两道足迹是交叉的。但他们未能在积雪融化之前记录下四名嫌犯的足迹，而雪化后足迹都消失了。

那么谁是凶手呢？

详解参见第295页。

立方体干酪

下面这个谜题虽老，但这无损其趣味性。玛丽戈尔德有一块立方体干酪和一把切刀。她希望一刀切下去，得到一个正六边形截面。她能做到吗？如果能，该如何做？

详解参见第296页。

生命游戏

生命游戏由约翰·康威在20世纪70年代发明。在其中，奇怪的黑色生命在白色网格上或静或动，或生或死，变化万千。玩生命游戏的最佳方法是下载合适的软件。网上有几种特别好的免费程序，很容易搜索到。一个网页版可见于：www.bitstorm.org/gameoflife/

在生命游戏中，黑色棋子放在可以无穷多的方格中，每个方格要么放一个棋子，要么为空。在每一步（或代），棋子的组合称为一个**构形**。第0代的初始构形根据几条简单规则一步步进行演化。规则的说明见下图。其中，给定一个方格的**邻居**是指与它相邻的八个方格，包括横向的、纵向的或斜向的。此外，生或死都同时发生：第$n+1$代中每个棋子或空格中发生的事情仅取决于它在第n代中的邻居。

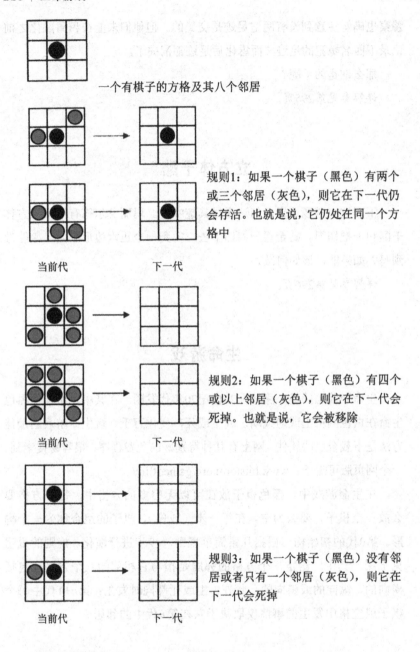

一个有棋子的方格及其八个邻居

规则1：如果一个棋子（黑色）有两个或三个邻居（灰色），则它在下一代仍会存活。也就是说，它仍处在同一个方格中

当前代　　　　　下一代

规则2：如果一个棋子（黑色）有四个或以上邻居（灰色），则它在下一代会死掉。也就是说，它会被移除

当前代　　　　　下一代

规则3：如果一个棋子（黑色）没有邻居或者只有一个邻居（灰色），则它在下一代会死掉

当前代　　　　　下一代

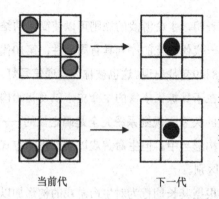

规则4：如果一个空格（中心）恰好有三个邻居（灰色），则它在下一代会生育（黑色）。也就是说，放一个棋子在那个方格。邻居可能存活，也可能死掉，取决于它们的邻居

当前代　　　　　　　　下一代

对任意给定一个初始图形，反复应用这些规则，便可得到其后续演化的生命史。例如，下面是由四个棋子构成的一个小三角形的生命史：

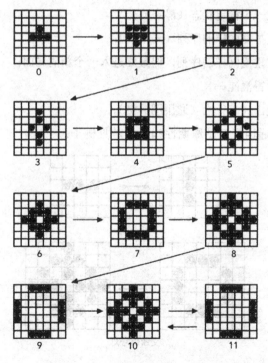

一个构形的生命史，其中构形8和9周期性交替出现

　　甚至上述这样简单的例子都表明，生命游戏的规则可以使简单的结构演化出复杂的结构。在这里，一代代演化的序列具有**周期性**：第10代的构形与第8代的相同，因此构形8和9交替出现。这也被称为**交通信号灯**。

　　生命游戏的一个迷人之处正在于其惊人丰富的生命史，以及初始构形与后续构形之间缺乏任何**明显**的关系。规则系统完全是确定性的——整个无限的未来早已蕴涵在初始构形当中。但生命游戏以戏剧化的方式展示了确定性与可预测性之间的区别。

　　从数学角度看，很自然地会根据其长期行为对生命游戏的构形加以分类。例如，构形可能会

　　(1) 完全消失（死亡）；

　　(2) 形成一个稳定状态（静态）；

　　(3) 反复重复同样的序列（周期性）；

　　(4) 多次重复同样的序列，但最终进入一个新的局面；

　　(5) 表现得混沌；

　　(6) 表现出计算行为（通用图灵机）。

闪光灯和**交通信号灯**是周期性构形的常见例子：

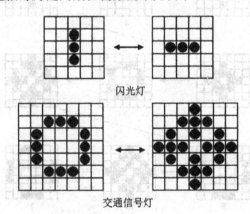

闪光灯

交通信号灯

两个周期性构形

一个生命游戏的结果对初始状态的选择极其敏感。一个方格的不同足以完全改变其未来的面貌。此外，有时简单的初始构形可以演化出非常复杂的局面。这个行为（在某种程度上是由规则的选择"设计"的）启发了该游戏的命名。

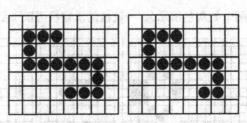

左图的S形构形最终在1405代后进入稳定状态，而到那时，它已经生成2个滑翔机、24个田字块、6个池塘、4个面包圈、18个蜂窝以及8个闪光灯；如果你移除仅仅一个棋子而得到右图的构形，则一切在61代后都会消失

滑翔机能够在网格上移动，每四步就斜向移动一格。

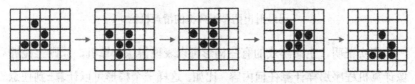

滑翔机的运动

三种**太空船**（轻量级、中量级以及重量级）的周期性模式使得它们能够横向移动，并喷射出稍纵即逝的火花。更长的太空船单靠自己无法维持（它会以复杂的方式解体），但它可以在周围小型舰队的支持下飞行。

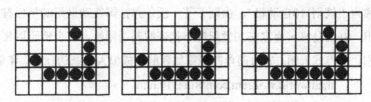

太空船

　　关于生命游戏的最早的数学问题之一是，是否存在这样一种有限的初始构形，其未来的构形是**无界的**——也就是说，只要经过足够的时间，它可以变得想要多大就有多大。比尔·高斯珀发明的**滑翔机枪**对此给出了肯定的回答。下图黑色所示的构形以30步的周期振荡，持续不断地射出滑翔机（前两个如灰色所示）。一波波的滑翔机可以飞至无穷远。

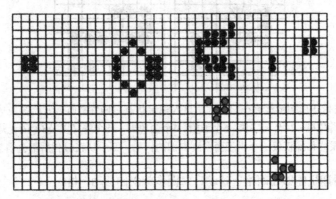

已经射出两个滑翔机的滑翔机枪

　　事实证明，生命游戏的有些构形可以表现得像计算机，原则上能够像计算机程序那样计算任何内容。比如，这样一个构形可以计算π到任意精度。当然在实践中，这样的计算慢得不行，所以暂且还不要扔掉你的PC机。

　　事实上，有一种运行在方格长条上（而非二维网格中）的更简单的类似"游戏"（称为元胞自动机），可以表现得像通用计算机。这种自动机称为"规则110自动机"，由斯蒂芬·沃尔弗拉姆在20世纪80年代首先提出，并由马修·库克在20世纪90年代证明其通用性。这个例子以相当戏剧化的方式表明，非常简单的规则如何能生成惊人复杂的行为。详见：

mathworld.wolfram.com/Rule110.html

⌒ **奇偶赛马** ⌒

每个整数都可以通过将适当的质数相乘而得到。如果需要偶数个质数相乘，则我们说那个数是**偶类型**。如果需要奇数个质数相乘，则我们就说那个数是**奇类型**。例如，

$$96=2\times2\times2\times2\times2\times3$$

用到了六个质数，所以96是偶类型。另一方面，

$$105=3\times5\times7$$

用到了三个质数，所以105是奇类型。根据约定，1是偶类型。

对于1到10的前十个整数，它们的类型分别是：

奇类型		2	3		5		7	8		
偶类型	1			4		6			9	10

从中我们可以发现一个相当惊人的事实：一般而言，奇类型的出现频率至少与偶类型的相当。不妨设想有"奇"和"偶"两匹马赛跑。让它们一开始时处在同一起跑线上，然后按顺序念出整数：1, 2, 3, ...在每一步，如果下一个数是奇类型，则奇马前移一格；如果下一个数是偶类型，则偶马前移一格。因此，

第1步后，偶马领先；

第2步后，奇马和偶马并排；

第3步后，奇马领先；

第4步后，奇马和偶马并排；

第5步后，奇马领先；

第6步后，奇马和偶马并排；

第7步后，奇马领先；

第8步后，奇马领先；

第9步后，奇马领先；

第10步后，奇马和偶马并排。

奇马似乎总是能并排或者领先。1919年，乔治·波利亚猜想，除了在最开始的第1步，奇马**永远**不会落后于偶马。计算表明，前一百万步确实如此。鉴于这沉甸甸的有利证据，可以确定任何数目的步数都会如此吗？

如果不借助计算机，你可能会浪费大量时间在这个问题上，所以我将告诉你答案。波利亚**错**了！1958年，布赖恩·哈泽尔格罗夫证明了，在某一（未知）步，奇马落后于偶马。随着更快计算机的出现，人们可以验证更大数目。1960年，罗伯特·莱曼发现，在第906 180 359步偶马领先于奇马。1980年，田中实证明了，偶马在第906 150 257步**首次**领先。

这样的事情使得数学家在没有得到证明之前不敢轻易下结论。它也表明，甚至像906 150 257这样的数也可以非常有趣和不同寻常。

为什么不能如法炮制？

众所周知，一种绘制椭圆的简易方式是，将两枚大头针钉在纸上，然后将一段绳子两端打结成环套在这两枚大头针上，最后用铅笔拉紧绳环并作画。园丁有时会用这种方法勾勒出椭圆形花床的轮廓。两枚大头针就是椭圆的**焦点**。

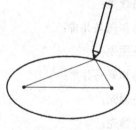

如何绘制椭圆

现在假设你利用三枚钉子，使之构成一个三角形。这个三角形不需要是等边或等腰三角形。

为什么这不有趣？

按理这也应该能画出一些有趣的新型曲线。那么为什么数学书中没有提到这些曲线呢？

详解参见第296页。

数学笑话 3

两位数学家在一个鸡尾酒吧里争论普通民众到底对数学了解多少。一位数学家认为一般人对数学知之甚少，另一位则表示，有相当一部分人其实对数学知之甚多。

"我赌二十英镑是我对。"第一位数学家在去洗手间之前留下话。在他走后，另一位数学家把女服务员叫了过来。

"听着，一会儿我的朋友回来后，你过来回答我一个问题，我就付给你十英镑。记住，答案是'三分之一x的三次方'。明白了吗？"

"我说句'三分之一x三次'，你就给我十英镑？"

"不对，是三分之一x的三次方。"

"三分之一x的三次方？"

"对。"

去洗手间的数学家回来了，女服务员也"碰巧"从身边经过。

"嗨，你知道x平方的积分是什么吗？"

"三分之一x的三次方。"女服务员说。说完，她扭过头又补充道："还要加上一个常数项。"

开普勒猜想

数学家从大量经验教训中逐渐学到，看上去简单的问题常常很难回答，而看上去显而易见的事实可能是错误的，或者可能是正确的但极难证明。开普勒猜想就是一个例证：人们花了将近三百年时间才解决它，尽管一开始人们就知道正确的答案是什么。

故事要追溯到1611年，当时数学家兼占星家开普勒（是的，他也占星卜卦；那时的很多数学家都如此——这是一种赚钱的好营生）想送他的资助人约翰内斯·马特豪斯·瓦克尔一件新年礼物。开普勒想说"谢谢您的慷慨解囊"，又不想自己破费，所以他写了一本书，献给他的资助人。书的（拉丁文）标题是《论六角形雪花》。开普勒开门见山地问道，为什么雪花的形状是美丽的六重对称形状？

一片典型的树突状雪花

　　人们常说，"没有两片雪花是一样的"。我身上的逻辑学家则会跳出来："你如何能确认这一点？"但粗略计算便可知，一片树突状雪花具有如此多的特征，使得两片雪花一模一样的概率几乎为零。

　　不过这无关紧要。这里重要的是，开普勒对雪花的分析使他产生了这样一个想法，即之所以有六重对称性，是因为这是最有效率的方式。

　　我们先从一个简单的例子看起：取大量相同的硬币（比方说一美分面值的），把它们放在桌子上，并紧紧把它们推在一起。你很快会发现，它们会形成一个蜂窝状模式，或者"六方晶格"：

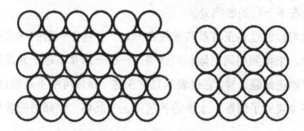

左图：圆的最密堆积；右图：不那么高效的堆积

　　并且这是密度最大的堆积方法。也就是说，在无穷多相同的圆排列在无穷大的平面上的理想情形中，这样做圆所覆盖的空间的比例最大。相反，比如右图的正方晶格，效率就没有那么高。

　　值得一提的是，这个看似显而易见的断言直到1940年才由拉斯洛·费耶什·托特给出证明。（阿克塞尔·图厄在1892年给出过一个大致思路，并在1910年给出了更多细节，但他仍然遗留下了很多空白。）托特的证明很难。为什么难呢？因为我们首先无从知道，最有效率的堆积方式是否是某种规则的晶格。或许某种更随机点的堆积会更有效率。（对于**有穷**平面上的圆的堆积，比如在一个正方形内，这确实有可能发生——参见下一节的牛奶箱问题。）

　　在这个过程中，开普勒产生了非常接近现代原子论的想法，即所有物质都是由微小的不可分的成分（我们现在称为原子）构成的。鉴于他在写书时没有进行实验，这无疑令人印象深刻。原子论，最早由古希腊的德谟克利特提出，直到1900年才被实验证实。

但开普勒关注的其实是一个更为复杂的问题：在空间中最密的球堆积方式。他注意到有三种规则的"晶格"堆积，我们现在分别称为**六方晶格、立方晶格**和**面心立方晶格**。其中第一种堆积是将球的六方晶格堆在另一层之上，并且对应的两个球的中心形成一条竖线。第二种是将球的正方晶格上下竖直堆放。第三种则是将六方晶格上下堆放，但将上一层的球放在下一层的凹陷处。

你也可以通过将正方晶格堆放在一起，并将上一层的球放在下一层的凹陷处，来得到相同但倾斜的结果——这一点并不是十分显而易见，并且跟牛奶箱问题一样，它也表明直觉在这一领域可能不是很好的指引。下图很好地说明了问题：水平的各层是正方晶格，但倾斜的各层是六方晶格。

面心立方晶格的一部分

水果商贩堆橘子的方式就是面心立方晶格。*而通过思考石榴籽的排列方式，开普勒随手写道，猜想面心立方晶格是"可能的最密堆积"。

---

*他们并没有这样说，但他们是这样做的。

那是在1611年。而直到1998年，开普勒的这一结论才由托马斯·黑尔斯借助大量计算机辅助加以证明。简单来说，黑尔斯考虑了多个球排布在一个球周围的所有可能方式，并表明，如果排布不是面心立方晶格的方式，则总是可以将球推挤得更紧密一些。托特在证明平面上圆的堆积时使用了同样的思路，但他仅需考察四十种可能情况。

黑尔斯则必须考察上千种情况，所以他将问题重新表述，使得每种情况可以利用计算机加以考察。这需要大量计算——但其中每一步本质上都是非常简单的。几乎全部的证明已被独立地验证完毕，但当中仍有些许存疑之处。因此，黑尔斯开始了一个新的基于计算机的项目，试图将证明重写为可通过标准证明验证软件加以验证。到时，原始证明可由计算机来验证，而验证程序本身简单到可由人工验证，从而确认它是否名副其实。这个项目需要花费大约二十年时间。对于这样通过计算机考察所有可能情况的证明是否能算数学证明，如果你愿意，你仍然可以在哲学上持怀疑态度，但在逻辑上你是很难挑出什么骨头的。

那么是什么使这个问题如此之难？水果商贩通常以一个方形盒子为基座，所以他们自然而然会将橘子分层堆放，使得每一层都是一个正方晶格。然后很自然地，他们会将第二层放到底层的凹陷处，如此这般，一层层堆上去。如果他们偶然以一个六边形盒子为基座，他们也会得到同样的面心立方堆积，只不过是倾斜的。高斯在1831年证明了，面心立方堆积是最密的**晶格**堆积。但这里的数学问题是，证明这一点，而不事先假定会堆成平的一层层。而且数学中的球可以不假支撑地悬浮在空中。所以水果商贩的"解决方案"暗含了一大堆假设。由于实验无法算作证明，而这里甚至实验也不那么令人放心，所以你不难看出，问题要比它看上去的更难。

❧ 牛奶箱问题 ❧

　　下面是一个类似但更简单的问题。送奶工想将相同的牛奶瓶（其横截面为圆形）装到方形牛奶箱里。在他看来，显然当瓶子数为**平方数**（1，4，9，16等）时，只要将瓶子按方形矩阵堆积，就可以使箱子尽可能小。（他意识到，如果要堆积的瓶子数不是平方数，当中就会出现空隙，从而有可能再挤挤，使箱子再小些。）

　　他的想法对吗？

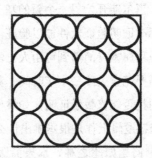

送奶工如何将16个瓶子放入最小的箱子里

　　详解参见第297页。

❧ 男女平等 ❧

　　埃米·诺特是20世纪初的一位顶尖女数学家，曾就读于哥廷根大学。但当初在她获得博士学位后，学校当局却不允许她进一步获得私人讲师身份，从而能够以学生的学费维生。他们给出的理由是：女性不能参加大学评议会的会议。数学系主任大卫·希尔伯特据说曾对此评论道："先生们！评议会上有个女人又有什么问题？评议会又不是公共澡堂。"

❧ 公路网 ❧

四个小镇（东斯伯里、南斯伯里、西斯伯里和北斯伯里）分别位于一个边长为100公里的正方形的四个角上。路政署希望用全长最短的公路网将它们连在一起。

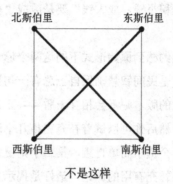

北斯伯里　　　　　　东斯伯里

西斯伯里　　　　　　南斯伯里

不是这样

"我们可以让公路从北斯伯里出发,通往东斯伯里,再前往南斯伯里,最后到西斯伯里,"助理城市规划师说,"公路全长300公里。"

"不,我们可以做得更好!"他的上司说,"做两条对角线,而根据毕达哥拉斯定理,这时全长为$200\sqrt{2}$公里,即约282公里。"

请问全长最短的公路网是什么?正方形的对角线并**不是**正确回答。

详解参见第297页。

❧ 同义反复谚语 ❧

在特里·普拉切特的《碟形世界》系列科幻小说中,历史僧侣的成员们折服于玛丽埃塔·科斯莫皮利特太太的朴素智慧。他们以前从未听说过这样的家长里短(比如"你知道,我可没有时间跟你耗着"),所以在那些遵循科斯莫皮利特太太之道的僧侣看来，她的只言片语都是了不起的新的哲学洞见。

数学家对于民间智慧则更为谨慎，并会习惯性地试图修改日常谚语，使之更具逻辑性。事实上，是变得同义反复。因此，谚语"小钱紧，大钱松"就变成了同义反复谚语"小钱紧，紧着花小钱"，后者更说得通，也更难被辩驳。而"积小钱，成大钱"要是改成"积小钱，小钱到"也会更具说服力。

我在小时候就隐约感到原始形式下的这两个谚语是相互矛盾的，尽管我现在意识到，这是民间智慧确保自己总有一句被认为说得对的一种默认机制。而修改后的版本则**不会相互矛盾**——正说明其优越性。下面我会先举几个例子，然后你可以试着补充完整几个谚语，使得它们是同义反复的。我的第一个例子简单直接，第二个则更为繁复。但两种形式都是允许的。也可以补充有用的评论，最好是揭示显而易见的事实。鼓励使用逻辑双关语，越学究越好。

- □ 赖活着，以后还会赖活着。（原始形式：好死不如赖活着。）
- □ 双鸟在林不如一鸟在手，因为野生的总比家养的贵。

好了，现在该你了。以同样的方式补完下面的谚语：

- □ 没消息就是＿＿＿（原始形式：没消息就是好消息。）
- □ 个头越大＿＿＿（原始形式：个头越大，摔得越狠。）
- □ 没有冒险便＿＿＿（原始形式：没有冒险便没有收获。）
- □ 厨师太多＿＿＿（原始形式：厨师太多弄坏一锅汤。）
- □ 你不能拥有蛋糕＿＿＿（原始形式：你不能拥有蛋糕又吃掉它。）
- □ 盯着锅看＿＿＿（原始形式：盯着锅看它似乎永远不会沸。）
- □ 如果猪有翅膀＿＿＿（原始形式：如果猪有翅膀，猪也能飞。）

如果你对这个游戏乐此不疲，建议你寻求心理医生的帮助。不过在医生到来之前，你还可以在以下网址找到更多谚语：

www.manythings.org/proverbs/
详解参见第298页。

复杂性科学

复杂性科学，或复杂系统理论，随着乔治·考恩和默里·盖尔曼在1984年创建桑塔费研究所而成为一门显学。这是一家跨学科的私立研究机构，主要关注"复杂性科学"。你可能会认为这里的"复杂性"是指任何非常复杂的东西，但桑塔费研究所的主要目标是发展和传播新的数学技术，以帮助我们理解那些由大量主体或实体构成，并且它们相互之间根据相对简单的规则进行互动的系统。其中一种关键现象是所谓**涌现**。也就是说，作为整体的系统表现出其个体实体所不具有的行为。

一个现实生活中的复杂系统的例子是人脑。这里的主体或实体是神经细胞（神经元），而涌现出的特征包括智能和意识。神经元既不是智能的，也没有意识，但当足够多的神经元连接在一起时，这些能力便涌现了出来。另一个例子是全球的金融系统。其中的实体是银行家和交易员，涌现出的特征包括股市的起伏。其他例子还包括蚂蚁窝、生态系统和生物演化等。你可以试着分析一下这些系统的实体以及涌现出的特征。

更难的工作，也是桑塔费研究所一直在试图做的是，为这些系统进行数学建模，刻画其作为简单部件的互动系统的内在结构。其中一种建模技术是使用元胞自动机——约翰·康威的生命游戏的一般化。它就像一个在方形网格上玩的计算机游戏。在任意给定一个瞬间，每个方格都处于某个状态，通常用不同颜色表示。随着时间进入下一个瞬间，每个方格根据一些规则改变颜色。这些规则涉及相邻方格的颜色，可能诸如"红色方格变成绿色，如果它有二至六个蓝色邻居"等。

一个简单元胞自动机形成的三种模式类型：静态模式（同种颜色的色
块）、结构化模式（螺线）以及混沌模式（比如右下方的不规则区块）

乍看上去，这样简单的小工具似乎不大可能获得什么有趣的结果，
更不要说解决复杂性科学的深刻问题了，但事实证明，元胞自动机可以
表现出非常丰富和出人意料的行为。事实上，元胞自动机的最早期应用
之一是约翰·冯·诺伊曼在20世纪40年代证明了一个可以自我复制的抽
象数学系统的存在性。* 这表明，生物的繁殖能力是其物理结构的一个合
乎逻辑的结果，而非某种奇迹式的或超自然的过程。

达尔文的演化论给出了复杂性理论研究方法的一个典型例子。传统
的演化数学模型称为种群遗传学，由英国统计学家罗纳德·费希尔爵士
等人在20世纪30年代首先提出。这种方法将一个生态系统（比如一片有
着各式植物和昆虫的热带雨林，或者一片珊瑚礁）视为一个庞大的基因

---

* 现在很多人热衷于利用纳米技术做同样的事情。也有很多科幻小说提到所谓"冯·
诺伊曼机器"，它们经常被外星人或智能机器用来入侵其他星球，包括我们的地球。
被用来将数百万个元件组装到微芯片上的技术现在也被用来构建极其微小的纳米
机器人，一种真的能自我复制的机器恐怕为期不远。虽然外星人入侵不是目前的关
切，但某种冯·诺伊曼机器的变异体的自我复制过程失控，最终变成一团"灰雾"
笼罩地球的可能性已经引发了人们对于纳米技术安全性和控制的讨论。详见：
en.wikipedia.org/wiki/Grey_goo

库。当生物繁殖时，它们的基因以新的组合方式混合在一起。

比如，一个假想的蚰蜒种群可能有控制绿皮肤或红皮肤的基因，还有控制喜欢生活在矮树丛中或鲜艳红色花朵上的基因。所以其典型的基因组合是绿皮肤–矮树丛、绿皮肤–红色花朵、红皮肤–矮树丛和红皮肤–红色花朵。其中一些组合具有比其他组合更高的生存价值。例如红皮肤–矮树丛蚰蜒更容易被鸟儿从它们生活的绿色矮树丛中分辨出来，而红皮肤–红色花朵蚰蜒就不太容易被分辨出来。

由于自然选择会清除那些不适合生存的组合，那些能让生物更好地生存下去的组合就会扩散开来。同时，随机的基因变异使得基因库始终保持多样性。种群遗传学关注的是这些特定基因在整个种群中的比例，以及这个比例如何随自然选择而变化。

复杂性理论对此的模型则相当不同。比如，我们可以建立一个元胞自动机，并为其中的每个元胞赋予各种环境特征。例如，一个元胞可能对应于一片矮树丛，或者一支红色花朵，诸如此类。然后我们随机选择一些元胞，放入"虚拟蚰蜒"，并分别赋予一种蚰蜒基因的组合。

还有一些元胞中生活着"虚拟猎食者"。然后我们指定具体规则，规定虚拟生物如何在网格中移动和相互作用。例如，在给定一个瞬间，一只蚰蜒要么待在原地不动，要么随机移动到相邻一个元胞中。另一方面，猎食者可以"发现"最近的蚰蜒，并向猎物的方向移动五个元胞，并在抵达蚰蜒所在的元胞时"吃掉"它——这样被吃掉的虚拟蚰蜒就被从计算机内存中删除。

我们可以这样设定规则，使得绿皮肤蚰蜒在矮树丛中比在红色花朵上更不容易被"发现"。然后，我们让这个计算机数学游戏运行几百万步，并看看最终不同蚰蜒基因的组合的存留比例。

复杂性理论研究者发明了难以计数的类似模型：为多个个体之间的相互作用建立简单的规则，然后在计算机上进行模拟，看看会发生什么。

这样的活动被称为"人工生命"。其中一个著名的例子是托马斯·雷在20世纪90年代早期发明的Tierra。在这里，大量简短的计算机代码段在计算机内存中互相竞争，并不断繁殖和变异。从他的模拟中我们可以看到复杂性的自发性增长、共生和寄生的原始形式、长期的静态被快速的变化偶尔打断，甚至某种有性繁殖。因此，我们从模拟中得到的一个启示是：所有这些看似令人困扰的现象其实完全是自然的，只要我们把它们视为从某些简单数学规则中涌现出的新特征。

同样的研究方法和哲学上的差异也出现在经济学中。传统的经济学大都基于这样的数学模型，其中每个参与者得到的信息是完全且即时的。按照斯坦福大学经济学家布赖恩·阿瑟的说法，其假设是"当两个商人坐下来洽谈一桩生意时，在理论上每个人都能即时预见到所有可能发生的情况，顺利解开所有可能引致的后果，并毫不费力地选出最佳策略"。而其目标是从数学上表明任何经济系统都会快速取得一个均衡，并维持在那个状态。在均衡状态下，每个参与者都在受到系统约束的前提下为自己赢得了最大化的经济回报。这样的理论试图从数学上解释亚当·斯密的"看不见的手"。

复杂性理论则从几个方面挑战了这种光鲜美丽的资本主义乌托邦。古典经济学理论的一个核心支柱是"收益递减规律"，由英国经济学家大卫·李嘉图在19世纪20年代总结得出。这条规律指出，任何经济活动的增长最终都会受某些约束的限制。例如，塑料工业有赖于石油提供的原材料。当油价便宜时，很多采用比如金属部件的公司就会转而采用塑料部件。这会引发对于石油需求的增长，使得油价上涨。但油价上涨又会引发相反的过程，使得最终油价趋于均衡价格。

然而，现代高科技产业并不遵循这一模式。建立一家制造最新一代内存芯片的工厂也许需要花十亿美元，并且在工厂开始生产前，回报都为零。但一旦工厂开始运转，生产芯片的成本相较而言微乎其微。运营得越久，芯片的平均成本越低。这里我们看到了一条收益**递增**规律：制造的商品越多，所需的成本越少。

从复杂性系统的角度看，市场也不是简单寻求数学均衡，而是一个"复杂适应系统"，其中相互作用的主体会修改控制自身行为的规则。复杂适应系统经常会演化出一些有趣的模式，容易让人联想到现实世界中的复杂性。例如，布赖恩·阿瑟及其同事建立了一些股票市场的计算机模型，其中主体试图找出股票市场行为的模式（不论是真实的，还是虚假的），并根据他们感知到的规律调整自己的买卖规则。这些模型表现出许多见于真正的股市的特征。例如，如果很多主体"相信"某支股票的价格会涨，他们纷纷购买这支股票，结果这个预期就自我实现了。

这些现象在传统的经济学理论框架中无法发生。那么为什么它们会在复杂性理论模型中出现呢？答案在于，传统的经济学模型内在具有数学局限性，排除了大多数这类"有趣的"动力学出现的可能性。而复杂性理论的最大优势在于，它更接近于现实世界的杂乱的创造性。但不无悖论的是，它能得出各种深远的结论，但其模型的组成却是简单的（虽然经过了精心选择）。

名副其实

在拼字游戏Scrabble中，每个字母的分值分别为：

1分：A, E, I, L, N, O, R, S, T, U

2分：D, G

3分：B, C, M, P

4分：F, H, V, W, Y

5分：K

8分：J, X

10分：Q, Z

哪个正整数的英文单词拼出来后，它等于自己的Scrabble值？

详解参见第298页。

龙形曲线

下图展示了一个曲线序列，称为龙形曲线（看看最后一个图）。这个序列可以无限延续下去，得到越来越复杂的曲线。

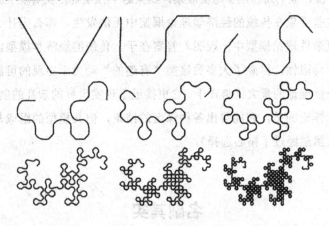

前九条龙形曲线

生成这样的曲线的规则是什么？忽略折角处的截直取弯，之所以画成这样，是为了让后面的曲线仍能辨识。

详解参见第299页。

ᕳᕳᕳᕳ **翻棋游戏** ᕫᕫᕫᕫ

从纸板上剪下一些圆形棋子（大约十多个）。棋子一面是黑色，另一面是白色。将它们排成一行，随机放置棋子朝上的一面。

现在你的任务是通过一系列移动，取走所有棋子。每次移动包括：选择一枚黑棋，取走它，然后翻转任何相邻的棋子，改变其颜色。这里的"相邻"是指在原来的排列中位置，所以取走任何一枚棋子都会留下一个空档。随着游戏的进行，一枚棋子可能有两个、一个或零个邻居。

下面是一个示例，其中玩家成功取走了所有棋子。

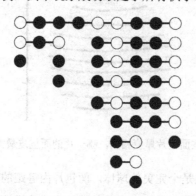

翻棋游戏的一个示例，其中线段表示相邻

这个谜题的解答很简单，不过并不是显而易见：如果黑棋的初始数目是奇数，则只要正确进行游戏，你总能成功；如果是偶数，则无解。

你可以单纯只是为了娱乐来玩这个游戏，而不用分析它的数学结构。如果你觉得想挑战一下，你可以试着寻求其必胜策略，并解释为什么当黑棋的初始数目为偶数时不可能取得成功。

详解参见第299页。

∽✑ 球形面包切片 ✑∾

阿拉明塔·庞森比常带着自己的两组五胞胎孩子来到阿基米德面包店，这里专做球形面包。她喜欢去这家面包店，是因为这里整块面包被切成了相同厚度的十片，这样每个孩子可以根据自己的胃口大小各取一片，因为面包片的体积有大有小。不过，孩子们很喜欢吃面包皮，都想得到尽可能多的面包皮。

那么哪一片面包有最大的面包皮？

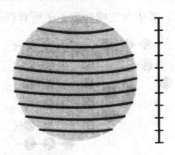

这些面包片厚度相同，哪一片的面包皮最大？

假设整块面包是个完美的球体，面包片由等距的平行平面切成，并且面包皮无限薄——所以每片面包上面包皮的数量等于球体表面相应部分的面积。

详解参见第301页。

∽✑ 数理神学 ✑∾

据说在欧拉任职于俄国女皇叶卡捷琳娜二世宫廷期间，法国哲学家德尼·狄德罗曾试图让俄国宫廷转向无神论。由于封建君主都认为君权天赋，所以狄德罗的计划没有受到热烈欢迎。不管怎样，叶卡捷琳娜二世让欧拉给狄德罗出出难题。所以欧拉在宫廷上宣布，他知道一个上帝存在的代数证明。他对狄德罗说："先生，$(a+b^n)/n=x$，所以上帝存在——请回答！"狄德罗无言以对，只好灰溜溜地离开宫廷。

好吧，不过……这件轶事（似乎最早出自英国数学家奥古斯塔斯·德摩根的《数学奇想录》）有一点小问题。正如历史学家迪尔克·斯特勒伊克在1967年指出的，狄德罗是一位颇有造诣的数学家，曾出版过几何学和概率论方面的论著，所以他应该能够认出什么是胡说八道。而身为一位更优秀的数学家，欧拉也不应指望这么浅薄的东西能唬住人。公式本身是没有意义的，除非我们知道a, b, n和x指代的是什么。正如斯特勒伊克所说："没有理由认为思虑深刻的欧拉会做出如此愚蠢的举动。"

诚然，欧拉是一位虔诚的教徒，相信《圣经》字字是真理，但他也相信，知识部分源自理性的规律。在18世纪，也确实有人考虑过上帝存在的代数证明的可能性，伏尔泰在《阿卡基亚博士的讽刺》一书中就提到过莫佩尔蒂给出了一个证明。

在哥德尔未发表的论文中人们发现了一个更好的尝试。不难想象，它是用数理逻辑表示的，我将它完整摘抄如下：

$Ax.1$ $\Box \forall x[\phi(x) \to \psi(x)] \land P(\phi) \to P(\psi)$

$Ax.2$ $P(\neg\phi) \sqrt{} \neg P(\phi)$

$Th.1$ $P(\phi) \to \Diamond \exists x[\phi(x)]$

$Df.1$ $G(x) \Leftrightarrow \forall \phi[P(\phi) \to \phi(x)]$

$Ax.3$ $P(G)$

$Th.2$ $\Diamond \exists x G(x)$

$Df.2$ $\phi \operatorname{ess} x \Leftrightarrow \phi(x) \land \forall \Psi \Psi(x) \to \Box \forall x[\phi(x) \to \Psi(x)]$

$Ax.4$ $P(\phi) \to \Box P(\phi)$

$Th.3$ $G(x) \to G \operatorname{ess} x$

$Df.3$ $E(x) \Leftrightarrow \forall \phi[\phi \operatorname{ess} x \to \Box \exists x \phi(x)$

$Ax.5$ $P(E)$

$Th.4$ $\Box \exists x G(x)$

其中所用的符号属于数理逻辑的一个分支，称为**模态逻辑**。粗略来说，这个证明讨论的是"肯定属性"，用 P 表示。表达式 $P(\phi)$ 意味着 ϕ 是肯定属性。属性"是上帝"通过 $Df.1$ 定义为具有所有肯定属性。这里 $G(x)$ 意味着"x 具有是上帝的属性"——也就是说，"x 是上帝"。符号 $\Box$ 和 $\Diamond$ 分别表示"必然性"和"可能性"，箭头 $\rightarrow$ 表示"意味着"，$\forall$ 表示"对所有的"，$\exists$ 表示"存在"。符号 $\neg$ 表示"非"，$\wedge$ 表示"与"，而 $\leftrightarrow$ 和 $\Leftrightarrow$ 是"当且仅当"的两个略有不同的版本。符号 "ess" 通过 $Df.2$ 定义。$Ax.1$-5 是五个公理。$Th.1$-4 是四个定理，其中最后一个说，"存在 x，使得 x 具有是上帝的属性"——也就是说，上帝存在。

区分必然性与可能性是模态逻辑的一个新颖之处。它区分了必然为真的命题（比如在适当公理系统中的"2+2=4"）与可以想像可能为假的命题（比如"今天会下雨"）。在传统的数理逻辑中，命题"如果 A 那么 B"在 A 为假时总是被视为真。例如，"2+2=5 意味着 1=1"为真，同样"2+2=5 意味着 1=42"也为真。这可能看上去有些奇怪，但确实有可能从 2+2=5 推出 1=1，也有可能从 2+2=5 推出 1=42。所以这个约定说得通。你能找到这样的证明吗？

如果我们将这一约定扩展到人类活动中，则命题"要是希特勒赢得了第二次世界大战，那么现在欧洲会是一个统一国家"为真，因为希特勒并没有赢得第二次世界大战。同样，"要是希特勒赢得了第二次世界大战，那么现在猪会有翅膀"也为真。然而在模态逻辑中，对于第一个命题，其真伪性是可以商榷的，取决于要是纳粹真的赢得了战争，历史将如何改写。但第二个命题必然为假，因为猪没有翅膀。

事实上，哥德尔的证明可追溯到坎特伯雷的安瑟伦在 1077—1078 年间的《宣讲》中提出的本体论论证。通过将"上帝"定义为"可以想像的最伟大的实体"，安瑟伦认为上帝是可以想像的。而如果上帝不是真实存在的，则我们可以想像他存在于现实世界从而使他变得更为伟大。因此，上帝必定存在。

暂且不说"最伟大"等词具体是指什么的更深层次问题，他的论证存在一个数学家众所周知的基础性逻辑错误。在我们根据某个实体或概念的定义推断出其所具有的任何属性之前，我们必须首先证明某种满足该定义的东西存在。否则的话，定义本身可能是自相矛盾的。例如，假设我们定义 n 为"最大的整数"，则我们可以轻松证明 $n=1$，因为如果 n 不等于 1，$n^2>n$，而这与 n 的定义矛盾。因此，1 是最大的整数。这里的错误在于，在我们知道 n 存在之前，我们无法使用 n 的任何属性。事实上，n 并不存在——但即使它存在，我们也必须在开始推理之前**证明**它存在。

简而言之：为了根据安瑟伦的思路证明上帝存在，我们必须先确立上帝存在（通过其他论证思路，否则会导致循环论证）。当然，这里我将事情简化了，而后世的哲学家也一直努力试图在逻辑或哲学上更小心以避免犯错。根据安瑟伦的思路，莱布尼茨给出过一个更为精致的版本，而哥德尔的证明正是莱布尼茨的证明的形式化版本。哥德尔没有发表他的证明，因为他担心这会被视为上帝存在的严格证明，而他其实只是将之视为对莱布尼茨隐含的假设的形式化表述，以帮助揭示其中潜在的逻辑错误。对此更深入的分析可参见：

en.wikipedia.org/wiki/Gödel%27s_ontological_proof

秘密小抄

在这里，胸有成竹或孤注一掷的读者可以找到那些有已知答案的问题的解答，偶尔还会有补充说明，以便他们进一步深入探索。

遭遇外星人

阿尔菲是诚实族，而贝蒂和杰玛是说谎族。

由于只有八种可能性，你可以依次试一下每种可能性。但还有一种更快的办法。贝蒂说阿尔菲和杰玛属于同一种族，但后两者对同一个问题给出了不同的答案，因此贝蒂是说谎族。阿尔菲准确说出了贝蒂是说谎族，所以他是诚实族。杰玛说的是相反的答案，因此她肯定是说谎族。

奇妙的计算

$$1 \times 1 = 1$$
$$11 \times 11 = 121$$
$$111 \times 111 = 12\ 321$$
$$1\ 111 \times 1\ 111 = 1\ 234\ 321$$
$$11\ 111 \times 11\ 111 = 123\ 454\ 321$$

如果你会做长乘法，你就会明白为什么会出现这种惊人的模式。例如，

$$111 \times 111 =$$
$$11\ 100 +$$
$$1\ 110 +$$
$$111$$

我们发现个位数上有一个1，十位数上有两个1，百位数上有三个1，然后这些数目又逐渐减少，千位数上有两个1，万位数上有一个1。因此答案必定是12 321。

这个模式可以这样继续下去，但你的计算器可能会位数不够。事实上，

$$111\ 111 \times 111\ 111 = 12\ 345\ 654\ 321$$
$$1\ 111\ 111 \times 1\ 111\ 111 = 1\ 234\ 567\ 654\ 321$$
$$11\ 111\ 111 \times 11\ 111\ 111 = 123\ 456\ 787\ 654\ 321$$
$$111\ 111\ 111 \times 111\ 111\ 111 = 12\ 345\ 678\ 987\ 654\ 321$$

在此之后，这一模式被打破，因为数字"进位"打破了这一模式。

$$142\ 857 \times 2 = 285\ 714$$
$$142\ 857 \times 3 = 428\ 571$$
$$142\ 857 \times 4 = 571\ 428$$
$$142\ 857 \times 5 = 714\ 285$$
$$142\ 857 \times 6 = 857\ 142$$
$$142\ 857 \times 7 = 999\ 999$$

当我们将142 857乘以2、3、4、5或6时，我们得到头尾相接的同一个数字序列，然后从不同的位置开始数。999 999则是额外的惊喜。

这种奇妙的事情并非巧合。从根本上说，之所以会发生这种情况，是因为1/7可表示为无限循环小数0.142 857 142 857…。

纸牌三角

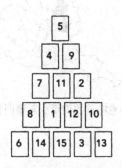

用十五张牌摆成的差三角

农民卖大头菜

霍格斯维尔一开始有400棵大头菜。

解这类谜题的方法是从后往前推。假设在第四个小时开始时，霍格斯维尔有x棵大头菜。到这个小时结束时，他卖掉了$6x/7+1/7$棵大头菜，又由于最后一棵也没剩下，所以这个值等于x。因此$x-6x/7-1/7=(x-1)/7=0$，即$x=1$。类似地，如果他在第三个小时开始时有x棵大头菜，则$(x-1)/7=1$，即$x=8$。如果他在第二个小时开始时有x棵大头菜，则$(x-1)/7=8$，即$x=57$。

最后，如果他在第一个小时开始时有x棵大头菜，则$(x-1)/7=57$，即$x=400$。

四色定理

　　下图所示的四个郡，每个郡都与其他三个郡毗邻。在中间的是西米德兰兹郡（恰好是我现在的居住地），周边三个郡从上到下顺时针依次是：斯塔福德郡、沃里克郡和伍斯特郡。

这些郡意味着我们至少需要四种颜色

长毛狗故事

　　首先说那个危险的算法。这种方法之所以"有效"，是因为遗嘱的条款并不一致。三个分数加起来并不等于1。事实上，

$$\frac{1}{2}+\frac{1}{3}+\frac{1}{9}=\frac{17}{18}$$

这时整个把戏就一目了然了。

　　最先设计这道题的人很聪明，因为合适的数很少，而选择的这几个数可以把不一致掩藏得很好。我是说，如果谜题变成叔叔总共有1129条狗，三个儿子分别获得其中的4/7、3/11和2/15，而兰彻洛特不得不骑另外26条狗过去解围，你会有什么感觉？

　　不过，还有一种数的选择，也可以使谜题干净利落：其他条件完全相同，只是第三个儿子得到狗的七分之一。如果同样的把戏仍然有效，那么总共有多少条狗？

解答的解答

线索是

$$\frac{1}{2}+\frac{1}{3}+\frac{1}{7}=\frac{41}{42}$$

因此，总共有41条狗。

解答继续

糟糕，我差点忘了真正的问题：金洁贝儿跟埃塞尔弗雷德说了什么，以致兰彻洛特不辞而去？

她说的是："您确定想让一位骑士骑着这样一条大狗出去？"[*]

所以我说了，这是一个长毛狗故事（shaggy dog story），一个冷笑话。

致谢

这个故事部分受到以下科幻短篇的启发：A. Bertram Chandler, "Fall of Knight," *Fantastic Universe*, 1958.

帽中兔子

计算本身没有错，但对此的解读却是谬论。当我们综合考虑不同可能性时，我们是在计算从兔子的**所有可能组合**中取出一只黑兔的概率。但认为这个概率在任何特定组合中也成立就大错特错了。如果帽子里只有一只兔子，这里的谬误就显而易见。对于只有一只兔子，类似的论证大致如此（忽略一只黑兔的放进和取出，这无关紧要）：帽子里要么是B，要么是W，概率都是1/2，因此取出一只黑兔的概率为

---

[*] 原文"Surely you wouldn't send a knight out on a dog like this？"一语双关，暗指旧时的一个常见英语表达"I wouldn't send a dog out on a night like this？"（我不会让一条狗在这样一个下雨天的大晚上出去）。——译者注

$$\frac{1}{2} \times 1 + \frac{1}{2} \times 0$$

即1/2，所以帽子里一半兔子是黑色的，一半是白色的。

但帽子里只有一只兔子啊……

过河问题 1——农产品

有两种解答。一种是：

(1) 带山羊过河；

(2) 空着船回来，带狼过河；

(3) 把山羊带回来，留下狼；

(4) 放下山羊，带圆白菜过河，并留下圆白菜；

(5) 空船回来，带山羊过河。

而在另一种解答中，狼与圆白菜在相应的地方互换一下。

我喜欢用几何方法解这道题，使用一个我称之为"狼–山羊–圆白菜空间"的图形。它由一个三元组(w, g, c)构成，其中每个符号要么是0（在河的这一边），要么是1（在河的另一边）。例如，$(1, 0, 1)$意味着狼和圆白菜在河的另一边，而山羊在河的这一边。这个问题等同于从$(0, 0, 0)$走到$(1, 1, 1)$，同时不允许任何一样东西被吃掉。我们不需要说明农民在哪里，因为过河时他总是在船上。

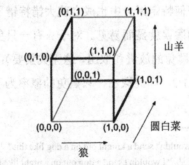

狼–山羊–圆白菜空间：这样解答就很明显了

有八个可能的三元组，可以将它们看作是立方体的顶点。由于农民在每次过河时最多只能带一样东西，所以合法的移动是立方体的边。然而有四条边（图中以灰色表示）是不允许的移动，因为这时会有东西被吃掉。其余的边（黑色）则不会造成伤害。

因此，这道谜题可被化简为一道几何题：求一条沿着黑色边从(0, 0, 0)走到(1, 1, 1)的路线。两种解答也就一目了然了。

更多奇妙的计算

(1) 13×11×7=1001，这是把戏成功的关键。如果你将一个三位数 *abc* 乘以1001，那么结果会是 *abcabc*。为什么？其实，乘以1000可得到 *abc*000，而再加上 *abc*，便可得到乘以1001的结果了。

(2) 对于四位数，情况也类似，只是我们必须乘以10 001。这可以分两步完成：先乘以73，然后乘以137，因为73×137=10 001。

(3) 对于五位数，我们必须乘以100 001。这也可以分两步完成：先乘以11，然后乘以9091，因为11×9091=100 001。不过如果把它作为一个在聚会上玩的游戏，那它就有点太过复杂了。

(4) 我们得到471 471 471 471（同样的三个数字重复四遍）。为什么？因为

$$7×11×13×101×9901=1\ 001\ 001\ 001$$

(5) 最后加上128，得到128 000 000（是原来那个数的一百万倍）。这一把戏对所有三位数都成立，因为

$$3×3×3×7×11×13×37=999\ 999$$

而再加上1，就得到了一百万。

你可以将这些把戏都转化为聚会上的魔术。例如，将471 471变成471的把戏可以这样表演：将魔术师的眼睛蒙上，要求一名观众上来在黑板上或在一张纸上写下一个三位数（比如471）；然后另一个人将这个数重

复写两遍（471 471）；第三个人用计算器将它除以13（得到36 267）；第四个人将结果除以11（得到3297）；而在这一过程中，魔术师故作声势地感慨这些数能整除真是罕见，然后她问最后结果是多少，并马上说出原来的数是471。

为了得出这个结果，她需要心算出3297除以7。这是必要的要求，但如果知道7的倍数表，算起来就会很简单。

取出樱桃

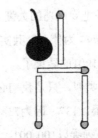

移动两根火柴后的图案

折出正五边形

小心地将纸条打一个结并按平。

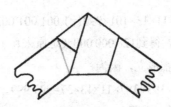

利用打结的纸条得到的正五边形

接下来一个有趣的挑战是证明这样得到的五边形是正五边形（当然，是考虑这个问题理想化的几何版本）。我把这留给感兴趣的读者去尝试。

空玻璃杯

拿起从左边数起的第二个玻璃杯，将里面的水倒入第五个杯子里，然后将杯子放回原处。

三道脑筋急转弯

(1) 如果你和你的同伴取到了所有黑桃，那么你的对手们就没有黑桃。反之亦然。因此，两种情况出现的可能性相等。

(2) 三只。你拿走了三只，所以你只有三只香蕉。

(3) 零。如果有五封信装对了信封，那么第六封信肯定也装对了信封。

骑士巡游

5×5棋盘上没有闭合的巡游路线。设想按通常棋盘的样式将5×5棋盘着色为黑色和白色，那么马每移动一次，它所访问的格就变一次颜色。因此，闭合的巡游必须有相同数目的黑色格和白色格。但5×5=25是奇数。基于同样的原因，所有边长为奇数的棋盘上都没有闭合的巡游路线。

4×4棋盘上没有巡游路线。这里的主要障碍在于，对于角落上的每格，仅有另外两格可走，而对于对角的角落上的那格，也只有这两格可走。稍微动一下脑筋就可以看出，如果存在访问过所有16个格的路线，那么它肯定要从一个角落出发，最后在对角的角落止步。而系统考虑各种可能性后可知，这是不可能的。

然而，可以做到访问16个格中的15个（再次表明要进行完整的巡游并不容易）：

马如何访问15个格

白尾巴猫

假设史密斯夫人有c只猫，其中w只有白尾巴，则有$c(c-1)$个不同猫的有序对，有$w(w-1)$个白尾巴猫的有序对。（选出有序对的第一只猫有c种方式，但选出第二只猫就只有$c-1$种方式了，因为你用掉了一只猫。白尾猫也同样如此。"有序"意味着先选猫A后选猫B，不同于先选B后选A。如果你不喜欢这样，上面两个式子都需除以2，但结果是相同的。）

这意味着两只猫都有白尾巴的概率为

$$\frac{w(w-1)}{c(c-1)}$$

而这必定为1/2。因此，

$$c(c-1) = 2w(w-1)$$

其中c和w是整数。最小的解是$c=4$，$w=3$。稍大的解是$c=21$，$w=15$。由于史密斯夫人的猫不到二十只，因此她必定有四只猫，其中三只有白尾巴。

双方块日历

每个方块都必须包括1和2，这样才能显示11和22。如果只有一个方块上有0，那么01到09这九个数中最多只能显示六个数，所以两个方块也必须都包含0。这样只剩下六个空白面，但需要放进3到9这七个数字，所以谜题看上去是不可解的……除非你意识到6倒过来就是9。因此，白色方块上有0、1、2、6（同时也是9）、7和8这几个数字，灰色方块上有0、1、2、3、4和5这几个数字。（注意到我在之前的图中把5放在灰色方块上，这样就将两个方块区分开了。）

作弊的骰子

其实没有最好的骰子。如果弟弟玩这个游戏，而姐姐选择正确的骰子（她毫无疑问会这样做，因为她喜欢赢），则长期来看，弟弟会输。概率始终偏向姐姐。

为什么会这样？因为姐姐如此构造骰子，使得平均起来，黄色骰子会打败红色的，红色骰子会打败蓝色的，而蓝色骰子会打败黄色的！乍看起来这似乎不可能，所以下面让我来解释一下这如何能做到。

在每个骰子上，每个数出现两次，所以掷出任何特定数的机会总是1/3。因此，我可以做出一张概率表，看看在掷出每种数的组合时谁会赢。每种组合具有相同的概率，1/9。

黄色对红色

	1	5	9
3	红	黄	黄
4	红	黄	黄
8	红	红	黄

这里，黄色骰子赢了九回里的五回，红色的仅赢四回。

红色对蓝色

	3	4	8
2	红	红	红
6	蓝	蓝	红
7	蓝	蓝	红

这里，红色骰子赢了九回里的五回，蓝色的仅赢四回。

蓝色对黄色

	2	6	7
1	蓝	蓝	蓝
5	黄	蓝	蓝
9	黄	黄	黄

这里，蓝色骰子赢了九回里的五回，黄色的仅赢四回。

因此，5/9的时间里，黄色骰子会打败红色的，红色骰子会打败蓝色的，而蓝色骰子会打败黄色的。

如果后选的话，姐姐就占了优势，而这也正是她狡猾安排的。如果弟弟选了红色骰子，那她应该选择黄色的。如果弟弟选了黄色骰子，那她应该选择蓝色的。而如果弟弟选了蓝色骰子，那她应选择红色的。

这个优势也许不是很大（九回里赢五回，相对于九回里赢四回），但仍旧是个优势。长期来看，弟弟会输掉他的零花钱。所以如果他想玩，那绅士一点，说"不，还是你先选吧"会是个好主意。

如果黄色骰子"优于"红色的，而红色骰子又"优于"蓝色的，似乎不可能不让黄色骰子"优于"蓝色的。但这里的关键在于，"优于"的意义取决于使用的是哪个骰子。这有点像以下三支足球队：

- 红队有优秀守门员和优秀后卫，但前锋比较弱。当且仅当对方的守门员较弱时，红队才会赢。
- 黄队有较弱的守门员、优秀的后卫和优秀的前锋。当且仅当对方的后卫较弱时，黄队才会赢。
- 蓝队有优秀的守门员、较弱的后卫和优秀的前锋。当且仅当对方的前锋较弱时，蓝队才会赢。

然后可知（试着自己检验一下！）红队总是会打败黄队，黄队总是会打败蓝队，而蓝队总是会打败红队。

像这样的骰子称为**非传递性骰子**。（"传递性"意味着如果A会打败B而B会打败C，则A会打败C。但这里的情况并非如此。）在实际应用中，非传递性骰子的存在告诉我们，对于人的经济行为的一些"显而易见"的假设，比如偏好的传递性，实际上是错误的。

一道古老的年龄问题

美味皇帝享年69岁。在公元前与公元后之间没有零年。（如果你认为，要是他在生日当天但还没到出生时辰之前驾崩，那他就是享年68岁，这似乎不无道理。但其实你的细究并不成立，因为一般一进入生日那天，即一过午夜，就要加上一岁了。）

白鹭装

这段推理在逻辑上是正确的。大致过程如下：会与大猩猩玩→有尾巴（命题2）→长胡须（命题5）→穿白鹭装（命题3）→爱交际（命题1）→没有磨爪（命题4）。

虽然我打算解释白鹭装是怎么回事，但我的猫不允许我这样做，理由是怕风言风语。

希腊十字

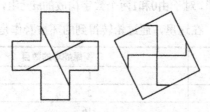

将希腊十字变成正方形

在五边形中寻找欧拉路径

下面是(b)问的一个解答，它同时也回答了(a)问。当然，还有其他解答。但它们都必须从两个度为3的点开始和结束，并且左右对称的路径必须把五边形的底边作为自己的中间部分。

一个左右对称的解答

衔尾蛇环

对于四元组，一个可能的衔尾蛇环为

1111000010100110

当然，还有其他解答。这一话题有着很长的历史，最早可追溯至1946年的欧文·古德。对于由 n 个数字构成的所有 m 元组，衔尾蛇环都存在。例如，在如下衔尾蛇环中

0001112221211022021011201002

每个由0、1和2三个数字构成的三元组都出现恰好一次。

一共有多少衔尾蛇环呢？1946年，尼古拉斯·德布劳恩（Nicholas de Bruijn）证明了，对于由0和1两个数字构成的 m 元组，这个数是 $2^{2^{m-1}-m}$，而它增长得极快。在这里，通过轮转得到的环被看作是同一个环。

m	衔尾蛇环的数目
2	1
3	2
4	16
5	2048
6	67 108 864
7	144 115 188 075 855 872

衔尾蛇环面

存在唯一的解答，除了那些通过各种对称性变换（旋转对称、反射对称、平移对称）得到的。要时刻记住"卷起来"的约定。所以你可以切下比如最右边的四块并将它们移到最左边。

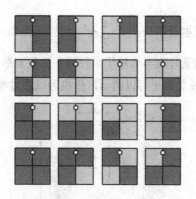

衔尾蛇环面谜题的解答

常量孔

把这样一类问题收进这样一本书中的唯一原因是，如果真有某些出人意料之事发生了，那么唯一能说得通的出人意料之事是答案**不**依赖于球的半径。

这听上去很疯狂。如果这个球是地球，但为了使这个孔只有1米长，你不得不移除几乎整个星球，而只留下非常非常细的绕着赤道的一小圈，高只有1米。所以是不是……

先说简单的部分。假设答案确实不依赖于半径，我们可以通过考虑当孔非常窄时（事实上，当它的宽度为零时）的特殊情况来算出答案。

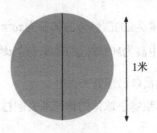

问题的特殊情况

这样所需的铜的体积等于整个球的体积。球的直径是1米，所以它的半径是$r=1/2$，而根据著名公式$V=\frac{4}{3}\pi r^3$，可以算得当$r=1/2$时，V等于$\pi/6$。

但我们如何**知道**答案不依赖于半径呢？这要复杂一点，需要用到更多几何学知识。（或者如果可以的话，你也可以通过微积分算得。）

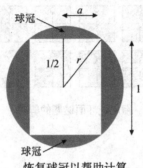

恢复球冠以帮助计算

将顶部和底部缺少的球冠放回。假设这个球的半径是r，圆柱孔的半径为a，那么对上图右上方的小三角形应用毕达哥拉斯定理，可得到

$$r^2 = a^2 + \left(\frac{1}{2}\right)^2$$

因此，

$$a^2 = r^2 - \frac{1}{4}$$

现在，我们需要三个体积公式：

□ 半径为r的球体的体积为$\frac{4}{3}\pi r^3$；

□ 底边半径为a、高为h的圆柱体的体积为$\pi a^2 h$；

□ 半径为r的球体中高为k的球冠的体积为$\frac{1}{3}\pi k^2(3r-k)$。

别担心，最后一个公式我自己都要去查书。

这样所需的铜的体积等于球体的体积减去圆柱体的体积，再减去**两**个球冠的体积，即

$$\frac{4}{3}\pi r^3 - \pi a^2 h - \frac{2}{3}\pi k^2(3r-k)$$

又由于$h=1$, $k=r-1/2$且$a^2=r^2-1/4$，所以所需的铜的体积为

$$\frac{4}{3}\pi r^3 - \pi\left(r^2 - \frac{1}{4}\right) - \frac{2}{3}\pi\left(r - \frac{1}{2}\right)^2\left[3r - \left(r - \frac{1}{2}\right)\right]$$

做下代数计算，几乎所有东西都不可思议地相互抵消掉了，只剩下$\pi/6$。

算 100 点

$$123-45-67+89=100$$

这个解答由伟大的英国制谜师亨利·欧内斯特·杜德尼发现，可以在他的书《亨利·杜德尼的数学趣题》中找到。如果允许使用四个或以上运算符，答案会多得多。

用正方形拼出正方形

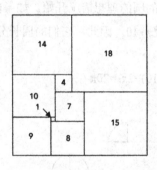

用莫龙的瓷砖拼出矩形

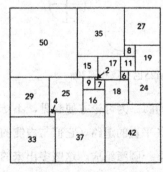

用迪韦斯泰恩的瓷砖
拼出正方形

你也可以对这些组合加以旋转或反射。

环路的内侧和外侧

对于平面上的道路，这时所走路程相差20π米，即约63米。它与高速公路的长度无关，也与公路的弯曲程度无关（只要弯曲足够缓，使得"车道之间的距离始终为10米"不会产生歧义即可）。

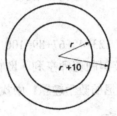

圆形的M25的数据

让我们先从M25是一个完美的圆的理想情况开始。如果内侧车道的半径为r，则外侧车道的半径就是$r+10$。因此，它们的周长分别是$2\pi r$和$2\pi(r+10)$。两者之差为

$$2\pi(r+10)-2\pi r=20\pi$$

而它与r无关。

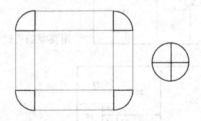

矩形的M25也导致相差20π

然而，M25不是一个完美的圆。为讨论方便起见，不妨设它为一个矩形。现在，公路的外侧由四条平直的道路（它们与内侧的相应部分对应）以及四个角上的四个四分之一圆弧组成。这些多出来的圆弧拼在一起恰好是一个半径为10的圆。再一次地，多出的部分恰好为20π。

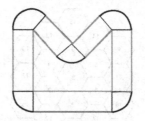

非凸多边形也导致相差20π

这也适用于任何"多边形"公路——由直线加上角上的圆弧组成的公路。直线部分相对应，而圆弧加起来恰是半径为10的整圆。甚至当多边形不是凸多边形时也同样如此，比如上图所示的M状多边形。*这时外侧的圆弧加起来是一又四分之一圆，而内侧本身有四分之一圆。但这个四分之一圆的曲率相反，因而抵消了外侧多出来的四分之一圆。这里的要点在于，任何足够平滑的曲线都可以通过多边形无限逼近，因此在所有情况下，多出的部分都是20π。

同样的论证也可以应用到环形跑道的运动员上。在400米比赛中，运动员从"错列的"起跑线出发，使得每个跑道上的运动员跑过相同的距离。相邻跑道之间相差的距离必须是跑道宽度的2π倍。这个宽度通常是1.22米，因此每个跑道的起跑线必须错开7.66米（前提是起跑区在直道）。但在实践中，运动员的起跑区常常包括一部分弯道，因此数据会稍有不同。计算它们的简单方式是确保要使每个运动员恰好跑过400米（这也是比赛规则所要求的长度）。

幻六边

唯一的解答（不算对它的旋转和反射）为：

---

* 如果多边形自己与自己相交（就像日本的铃鹿赛道），这就不成立了。但出于某种原因，这样的8字形环状高速公路并没有流行开来。

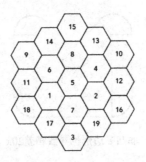

唯一的非平凡幻六边

这个幻六边在1887年到1958年间被多次独立发现。如果我们把边上的三个六边形扩展到n个，则另一种幻六边（使用连续整数1, ..., n）存在的唯一情况是当n=1时的平凡图案：包含数1的单个六边形。查尔斯·W.特里格在1964年解释了其中的原因。他证明了幻六边常量必定是

$$\frac{9(n^4 - 2n^3 + 2n^2 - n) + 2}{2(2n - 1)}$$

而它只有当n=1或3时才是整数。

五角星棋

这里的五角星形状旨在掩人耳目。而其结构的关键在于哪两个在同一条直线上的圆圈相距两步，因为它们分别是每枚新棋子开始和结束的地方。通过这一点切入，我们可以绘出一个简单得多的图：

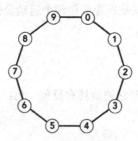

转换后的谜题

现在放置棋子的规则变为：将一枚新棋子放在一个空圆圈里，并将

之移到相邻的空圆圈里。如何将棋子放入这九个圆圈现在已经显而易见了。例如，将一枚棋子放在1上，并将之移到0。然后将一枚棋子放在2上，并将之移动1。然后将一枚棋子放在3上，并将之移动2。如此这般，将每枚新棋子放到离现有棋子串相距两步的空圆圈里。

最后在原图上复制这些移动就可以解出这道谜题。

在第二个图中，你可以在棋子串的任意一端添加新棋子，因此有很多种解答。但你在任何一个阶段都不能构造出多于一条连续的棋子串，否则会导致出现至少两个没有棋子的空档，而每个空档会导致至少有一个圆圈无法放置棋子。

丢番图去世时多大年纪？

丢番图去世时84岁。设他去世时的年龄为x，则

$$\frac{x}{6}+\frac{x}{12}+\frac{x}{7}+5+\frac{x}{2}+4=x$$

因此，

$$\frac{9}{84}x=9$$

所以$x=84$。

The Sphinx is a Reptile

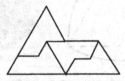

四个狮身人面像拼出一个更大的狮身人面像

兰福德立方体

四种颜色的兰德福立方体

幻星

这种排列是唯一的解答。当然，除了对它的旋转或反射。

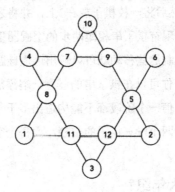

幻六角星

宽度固定的曲线

出人意料的是，圆并不是唯一具有固定宽度的曲线。最简单的固定宽度曲线并不是圆，而是边成弧形的等边三角形：

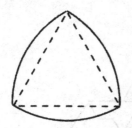

左图：宽度固定的等边三角形；右图：二十便士硬币

三角形的每条边都是圆的一段弧，圆的圆心在它对面的顶点上。二十便士硬币和五十便士硬币是具有固定宽度的七边形曲线；之所以选择这种形状，是因为这既能使硬币适用于投币机，又能使它们与其他不同面值的圆形硬币区分开来（这一点对于有视力障碍的人尤其有用）。

连接电线

这里的关键是**不要**用直线先连洗碗机，否则这会将其他设备与其插座隔断，导致解答不可能存在。而如果你先连炉灶和电冰箱，那么该如何连洗碗机也就显而易见了。

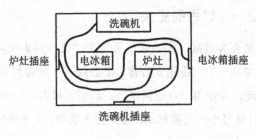

连接方法

移动硬币

一种解答是连续对调以下各对：HK, HE, HC, HA, IL, IF, ID, KL, GJ, JA, FK, LE, DK, EF, ED, EB, BK。还有很多其他解答。

被骗走的车

奈杰尔为买车支付了900英镑，并额外付了100英镑找头给牧师。他算上了所有出项，却忘记了算上相应的进项。所有其他交易都是相互抵消的，因此他总共损失了1000英镑。

误打误撞

三个数是1、2和3。因此，1+2+3=6=1×2×3。这是三个正整数时的唯一解答。

如果是两个数，唯一的可能性是2+2=2×2=4。如果是四个数，唯一的可能是1+1+2+4=8=1×1×2×4。

对于更多的数，解答通常要多得多，但在有些个别情况下，也会只有一种解答。如果k个正整数的和等于它们的积,且只有一组k个数具有这一性质,则k是以下这些数之一:2, 3, 4, 6, 24, 114, 174和444(至少算到13 587 782 064时还没发现更多的项,但它们存在的可能性还无法被排除)。

过河问题 2——妒忌的丈夫

几何方法会有点乱,因为它涉及一个"丈夫$_1$–丈夫$_2$–丈夫$_3$–妻子$_1$–妻子$_2$–妻子$_3$空间"的六维超立方体。幸好还有一种替代方法。通过移除不合法的移动,并使用一点逻辑推理,我们可以得到一个包含11次移动的解答,而11是最小的可能移动次数。在下表中,丈夫分别用ABC表示,他们的妻子分别用abc表示。

在本侧河岸	在船上	方向	在河对岸
ACac	Bb	→	—
ACac	B	←	b
ABC	ac	→	b
ABC	a	←	bc
Aa	BC	→	bc
Aa	Bb	←	Cc
ab	AB	→	Cc
ab	c	←	ABC
b	ac	→	ABC
b	B	←	ACac
—	Bb	→	ACac

这种解答还有些小变体,其中各对夫妻可以互换。

为什么你偏偏是博罗梅奥呢?

在第二种图案中,底下两个环连在一起。在第三种图案中,三个环两两连在一起。在第四种图案中,顶上的环与底下左边的环连在一起,后者又与底下右边的环连在一起。

四个环的类似排列有很多种。下图是其中之一：

四个环的"博罗梅奥环"

任何有限数目的环都有类似排列。人们已经证明，博罗梅奥环的性质无法通过完美的圆形的（因而也是平的）环获得。它是一种拓扑现象。

算个百分比

赚的和亏的不能相互抵消。卖给贝蒂的自行车花了他400英镑（他亏了100英镑，也就是400英镑的25%）。卖给杰玛的自行车花了他240英镑（他赚了60英镑，也就是240英镑的25%）。总的来看，他花了640英镑，收到600英镑，所以他总共亏了40英镑。

新基数词

为字母分别赋值

E	F	G	H	I	L	N	O	R	S	T	U	V	W	X	Z
3	9	6	1	−4	0	5	−7	−6	−1	2	8	−3	7	11	10

则

$$Z+E+R+O=0$$

$$O+N+E=1$$

$$T+W+O=2$$

$$T+H+R+E+E=3$$

$$F+O+U+R=4$$

$$F+I+V+E=5$$

$$S+I+X=6$$
$$S+E+V+E+N=7$$
$$E+I+G+H+T=8$$
$$N+I+N+E=9$$
$$T+E+N=10$$
$$E+L+E+V+E+N=11$$
$$T+W+E+L+V+E=12$$

拼写错误

其中有四个**拼写**错误，分别拼错了there、mistakes、in以及sentence。第五个错误则是声称这句话里有五个错误，而实际只有四个。

但……这意味着如果这句话为真，则它一定为假，而如果它为假，则它一定为真。真糟糕。

膨胀的宇宙

也许有点出人意料，"无助号"**确实**能够飞抵宇宙的边缘……只是这需要10^{434}年。到那时，宇宙的半径已经大到约10^{437}光年。

让我们来看一下其中的原因。

在宇宙膨胀的每一阶段，"无助号"已经飞过的距离的**分数**不会改变。这意味着如果我们考虑一下这些分数，我们应当能更容易地找出答案。

在第一年里，飞船飞行了从中心到边缘的路程的1/1000。在第二年里，它飞行了这一路程的1/2000。在第三年里，它飞行了这一路程的1/3000。如此等等。在第n年里，它飞行了这一路程的$1/1000n$。因此，在n年后，它飞行的总距离的分数是

$$\frac{1}{1000}\left(1+\frac{1}{2}+\frac{1}{3}+\frac{1}{4}+\cdots+\frac{1}{n}\right)=\frac{1}{1000}H_n$$

而这正是用到调和数的地方。具体地，飞抵边缘所需年数是使这一分数大于1的第一个n的值——也就是说，使H_n大于1000。H_n关于n的值没有已知公式，它只是随着n的增加而缓慢增加。然而可以证明，只要使n足够大，H_n可以变得任意大，比如大于1。所以如果n足够大，"无助号"确实可以飞抵边缘。

为了找出n要多大，我们可以使用提示的信息。要使$H_n>1000$，我们要求$\log n+\gamma>1000$，所以$n>e^{1000-\gamma}$。因此，飞抵宇宙边缘所需年数非常接近于$e^{999.423}$，取整后为10^{434}。到那时，宇宙的半径将增长到$1000+1000n$光年，即约10^{437}光年。

一开始时，剩下的路程每年始终在增长，但最终飞船开始赶上宇宙膨胀的边缘。随着飞船前进得更远，它占膨胀的"份额"也在增加，并在经过一段长时间后，超过了宇宙边缘每年1000光年的固定膨胀率。这里的"长时间"那是相当长：经过大约$e^{999-\gamma}=10^{433.61}$年（经过大约整个路程的前三分之一）后，剩下的路程才开始减少。

家族聚会

最小可能数目是七：两位小女孩、一位大男孩、他们的爸爸和妈妈，以及他们的爷爷和奶奶。

不松手！

你的身体上加绳子构成了一个闭环。根据一个拓扑学定理，不可能通过连续变换对闭环打结，所以如果你以"正常"的方式取绳子，那么这个问题永远无法解决。相反，你必须先将**自己的双臂**打结。这可能听上去很难，但其实任何人都能做到这一点：只需将双臂在胸前交叉。现在将你的身体前倾，使得一只手能绕过另一只手臂去取绳子的一端，然后换另一只手绕过手臂去取另一端。最后打开双手，一个结就出现了。

莫比乌斯与莫比乌斯带

如果你沿着中央剪开莫比乌斯带，它仍然是一整条（参见第二首打油诗）。得到的纸带扭转了720度。

如果你沿着宽度的1/3处剪开莫比乌斯带，你将得到两条连在一起的纸带。其中一条是莫比乌斯带，另一条较长，扭转了720度。

如果你沿着中央剪开扭转了360度的纸带，你将得到两条连在一起的、扭转了360度的纸带。

另外三道脑筋急转弯

(1) 五天。（每条狗五天挖一个洞。）

(2) 这只鹦鹉是聋子。

(3) 常规的答案是行星的一个半球是陆地，另一个半球是水面，所以大陆和岛屿是一回事。但只要找到条件中的漏洞，像这样的题目很容易被"玩坏"。比如，也许Nff住在大陆上，但它的房子在岛屿上，而Pff吃房子当早餐。或者，在Nff-Pff行星上，陆地会移动——毕竟谁知道在外星世界会发生什么呢？又或者……

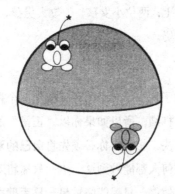

Nff-Pff行星上的Nff和Pff

密铺之种种

我忘记了加上一个额外条件：这些瓷砖应该在它们的角处拼在一起。有些瓷砖的角可能会与其他瓷砖的边拼在一起。这不会改变答案，但会使证明稍微复杂一点。

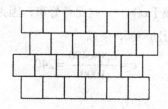

我忘记了这种情况

滑雪胜地

缆车在240米高处相遇。

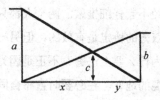

更一般的问题

从一个更一般的问题着手会更简单，其中的长度如上图所示。通过相似三角形，我们得到

$$\frac{x+y}{a}=\frac{y}{c} \text{ 与 } \frac{x+y}{b}=\frac{x}{c}$$

将两式相加，我们得到

$$(x+y)\left(\frac{1}{a}+\frac{1}{b}\right)=\frac{x+y}{c}$$

两边同时除以$x+y$，我们得到

$$\frac{1}{a} + \frac{1}{b} = \frac{1}{c}$$

因此，

$$c = \frac{ab}{a+b}$$

我们注意到，c不依赖于x和y——这是件好事，因为题目没有告诉我们x和y的值。已知$a=600$且$b=400$，所以

$$c = \frac{600 \times 400}{1000} = 240$$

皮克定理

所示格点多边形有$B=21$和$I=5$，所以其面积为$14\frac{1}{2}$个平方单位。

真假悖论

我认为这个例子经不起仔细推敲。两个人都只是在取对自己有利的部分——一会儿假定双方的协定是有效的，但另一会儿又假定法庭的判决会推翻协定。但你为什么要上法庭？不正是因为法庭的职责就是裁定合同中双方认为有含混的地方，**在必要时宣布合同无效**，并告诉你必须怎么做吗？所以如果法庭判定学生要支付学费，那么他必须如此；如果法庭认为学生不必支付学费，那么普罗泰格拉也没有理由提出反对。

六个猪圈

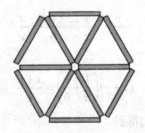

用十二块围栏板搭出六个猪圈

河马逻辑

那样的话，橡树长在非洲。

为什么？假设恰恰相反，橡树不长在非洲，则松鼠会冬眠，并且河马吃橡树果。因此，我将吃掉我的帽子。但我不会吃我的帽子，所以这里出现矛盾。根据反证法，橡树不长在非洲的假设不成立，所以橡树长在非洲。

绳子上的猪

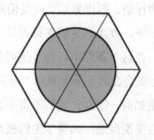

通过使用六个副本简化问题

为了简化问题，将田地以及猪可以抵达的区域（阴影部分）复制六个副本，然后我们希望阴影部分的圆的面积是六边形面积的一半。这个圆的面积是πr^2，其中r是半径。由于这个六边形的边长为100米，所以它的面积为$10\,000 \times 3\sqrt{3}\,/2$，即$15\,000\sqrt{3}$。因此，$\pi r^2 = 15\,000\sqrt{3}$，

$$r = \sqrt{\frac{15\,000\sqrt{3}}{\pi}}$$

约为90.9392米。

突击考试

我认为突击考试悖论是一个非常有趣的例子，说明有些东西看上去是悖论，但其实并不是。我的理由是，存在一个与之在逻辑上等价的命题——它显然为真，却着实无趣。

假设每天早上学生们都信心满满地宣称"今天会考试"。最终他们在实际考试的那天也会这样做，到时他们就可以声称，考试毫无意外可言。

我想这在逻辑上是无可辩驳的，但这显然是作弊。如果你预期每天都会发生某件事，那么当这件事确实发生时你当然不会感到意外。在我看来（我曾与许多持不同观点的数学家以及其他人讨论过这个问题，所以我承认这只是我的一家之言），这个悖论是假的。它无非是这个显而易见的策略的改头换面。它的作弊之处不是那么明显，因为对它的描述靠的是假想的而非实际的行动，但作弊的手段是**相同的**。

让我把条件强化一下，要求学生们在每天早上上课前陈述他们是否认为今天会进行考试。在这个条件下，为了使得学生们能够**知道**考试肯定在周五，他们需要有机会在周五早上宣称"今天会考试"。在周四、周三、周二和周一，也是如此。因此，他们不得不总共说五次"今天会考试"——每天一次。这很说得通：如果学生们被允许每天修改自己的预测，那么最终他们总是会说对的。

不过，如果把条件再多强化一点点，他们的策略就不管用了。例如，假设只允许他们做一次这样的预测。如果到了周五，并且他们还没有用掉这次机会，那么到时他们可以做出这样的预测。但要是他们已经用掉了唯一的机会，那就麻烦了。更糟糕的是，他们**不可能**等到周五才使用这个机会，因为考试有可能在周一、周二、周三或周四举行。

事实上，即使允许他们猜四次，他们仍会完蛋。只有当允许他们猜五次时，他们才保证能预测对正确的考试日期。但那时傻瓜都能猜得出。

我在这里其实是想说两点。其中较不有趣的一点是，这个悖论有赖于我们对"意外"的定义。而更为有趣的一点是，**无论**我们怎么定义"意外"，都存在两种在逻辑上等价的方式来陈述学生们的策略。一种陈述（通常的陈述）看上去像个真正的悖论。而另一种陈述（用实际行动，而不是假想的行动来描述该策略）则看上去显然为真却平淡无奇，毫无悖论的样子。

相应地，我们也可以通过让老师增加额外一个条件来加大学生们这样做的风险。假设学生们记性不好，每天晚上复习的内容到第二天晚上就都忘光了。如果按照学生们所称，考试毫无意外可言，那么他们应当可以找到最省力的办法：只在考试前一天晚上临时抱佛脚，然后通过考试后再忘个干净。但老师也可以靠她的大智慧让这种投机取巧的办法失效。如果学生们在周日晚上没有做家庭作业，那么就把考试放在周一，这样他们就通不过考试。对周二到周五如法炮制。因此，尽管学生们声明考试毫无意外可言，他们还是不得不在每天晚上做家庭作业。

反重力锥

从下往上滚的运动只是一个视觉假象。在锥形"往上滚"的过程中，它的重心其实是在往下移动，因为斜坡在变宽，与锥形接触的地方越来越靠近锥形的两端。

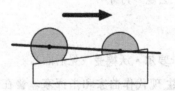

侧面图：随着锥形沿箭头所示方向运动，它的重心是在往下
移动，如黑线所示

娥眉月是什么形状？

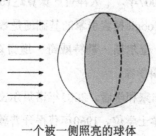

一个被一侧照亮的球体

娥眉月的左侧是个半圆，但右侧不是个圆弧。它是个半椭圆——椭圆沿着长轴切出的一半。在前面的图中，太阳光平行照射过来，而太阳必定位于纸面所在平面的**斜后方**，这样我们才能看到一弯娥眉月。月亮的一半被照亮，一半在阴影中，所以明暗的边界是个圆；事实上，它是与太阳光垂直的一个平面与这个球体相交得到的圆。我们的视线与这个圆成一定角度，而圆从一定角度看去是个椭圆——椭圆的一半被挡住，我用虚线标出。（为此，我也特意用灰底表示月亮的暗部。）

在现实中，光照在明暗的边界处已经变得非常弱，而且月亮表面崎岖不平，所以娥眉月的形状并不像上面讨论的那么轮廓清晰。如果你着实愿意泄漏自己的科技宅一面，你还可以提及圆被投射到视网膜时是上下颠倒的。

由两个圆弧构成的月牙形有时确实**可以**在天上看到——特别是在激动人心的日食时，那时月亮的影子部分遮住了太阳圆盘。不过，这时是太阳，而非月亮看上去像"月牙"。

数学背景

唯一的例外是卡萝尔·沃德曼（见后面）。

皮埃尔·布列兹　现代作曲家和指挥家。曾在里昂大学学习数学，后来改行从事古典音乐。

谢尔盖·布林　Google的联合创始人。从马里兰大学获得计算机科学与数学学位。2007年，个人净资产据算达166亿美元，跻身全球最富有的人的第26位。Google搜索引擎的基础便是数学算法。

刘易斯·卡罗尔　查尔斯·勒特威奇·道奇森的笔名。《爱丽丝梦游仙境》的作者。逻辑学家。

J.M. 库切　南非作家和学者，2003年诺贝尔文学奖获得者。1961年获得开普敦大学数学学士学位。1960年获得开普敦大学英语学士学位。

阿尔韦托·藤森 秘鲁前总统（1990—2000）。获得威斯康星大学密尔沃基分校数学硕士学位。

阿特·加芬克尔 歌手。哥伦比亚大学数学硕士。后来中断读博，开始追寻自己的音乐梦想。

菲利普·格拉斯 "极简主义"（现在是"后极简主义"）风格现代作曲家。在15岁时参加了芝加哥大学的数学与哲学大学速成课程。

泰瑞·海切尔 女演员。在电视剧《新超人》中扮演洛伊丝·莱恩，也出演过《绝望主妇》。曾在德安萨社区学院主修数学与工程学。

埃德蒙·胡塞尔 哲学家。1883年在维也纳大学获得数学博士学位。

迈克尔·乔丹 篮球运动员。大一时主修数学，但大二就转专业了。

西奥多·卡钦斯基 密歇根大学数学博士。后退居蒙大拿的山林，成为臭名昭著的"大学炸弹客"。因谋杀罪被判处终身监禁，不得保释。

约翰·梅纳德·凯恩斯 经济学家。剑桥大学数学硕士，本科数学荣誉学位考试一等第12名。

卡萝尔·金 20世纪60年代多产的流行歌曲创作者，后来也成为一名歌手。读数学专业一年后弃学，开始自己的音乐生涯。

伊曼纽尔·拉斯克 国际象棋世界冠军（1894—1921）。海德堡大学数学教授。

J.P. 摩根 银行业、钢铁业和铁路业大亨。上学时，哥廷根大学的老师曾劝说他成为一名职业数学家。

拉里·尼文 《环形世界》及大量畅销科幻小说的作者。曾主修数学。

亚历山大·索尔仁尼琴 1970年诺贝尔文学奖获得者，《古拉格群岛》及众多有影响力的文学作品的作者。从罗斯托夫国立大学获得数学与物理学学士学位。

布拉姆·斯托克 《德拉库拉》的作者。从都柏林三一学院获得数学学士学位。

列夫·托洛茨基　革命家。1897年在敖德萨学习数学，但因参加革命活动被捕而不得不中断学业。

埃蒙·德·瓦莱拉　爱尔兰共和国前总理和前总统。在爱尔兰独立前在大学教数学。

卡萝尔·沃德曼　字词和数字游戏节目《倒计时》的联合主持人。她实际上学的是工程学，所以严格来说不应属于这个列表。

弗吉尼娅·韦德　网球运动员，1977年温网女单冠军。从萨塞克斯大学获得数学与物理学士学位。

路德维希·维特根斯坦　哲学家。曾跟罗素学习数理逻辑。

克里斯托弗·雷恩爵士　建筑师，1710年完工的圣保罗大教堂就是他的杰作。曾在牛津大学沃德姆学院学习科学与数学。

一个令人困惑的剖分

以不同的方式重组相同的小块，面积不会改变。但当我们拼出矩形时，各块之间并没有完全贴合，当中空出了一个狭长的平行四边形——下图以夸张的方式显示了这一点。

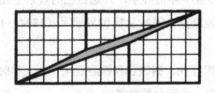

为什么矩形面积不是65

事实上，如果计算一下这些斜线的斜率，我们会发现左上角斜线的斜率是2/5=0.4，右上角斜线的斜率是3/8=0.375。前者稍大一些，左上角斜线要比右上角斜线稍陡一些。也就是说，它们并不在同一条直线上。

这个谜题的关键是长度5, 8和13——三个连续的斐波那契数（参见第96页）。你可以用其他连续的斐波那契数创造出类似的谜题。

我袖子里没有东西……

这里的拓扑要点是，由于你的上衣上有洞，*绳环并没有真正套在你的身体和上衣上。它只是看上去如此。要看出绳环并没有套在你的身体或上衣上，不妨设想把你的身体缩小为胡桃大小，这样它就会顺着袖子滑到你的口袋里。现在你显然能够将绳环取下来了，因为你的手腕不再挡在袖子和口袋之间。不过，这种方法不可操作，我们需要替代方案。

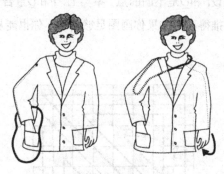

具体方法

取绳环的外面一端，顺着手臂从上衣袖子里向上拉，如上面左图中的箭头所示。在领口处，将绳环拉过你的头，到达上面右图所示的位置。然后将这一端继续顺着另一只手臂从袖子里往下拉，如上面右图中的箭头所示。将它拉过你的手，然后从袖子里向上拉。现在在领口处抓住绳环，从上衣前襟里面往下拽。使使劲，绳环会从上衣里面落下，落在地上，然后你就可以走出来了。

我裤腿里没有东西……

遵照前面的做法做后，绳环被你的手腕挡住，仍然取不下来。因此，你需要重复类似的动作，只不过现在要针对裤子，而不是上衣：将绳环

---

*袖洞，不是蛀洞。

一端顺着另一侧的裤腿里往下拉,拉过脚面,再顺着裤腿里向上拉——最后顺着另一条裤腿里取走绳环。所有这些动作非常滑稽,会让观众忍俊不禁。所以拓扑学也可以很有趣。

两条垂线

哪条欧几里得定理都没错。我的错了。

这里错在假设 P 和 Q 是不同的点。事实上,P 和 Q 重合——这可由这两条欧几里得定理推得,而如果你画图足够精确,你也能从图上看出来。

皇后出行

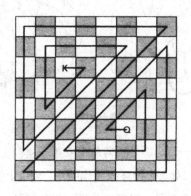

一个15步的解答

最小步数是15。上图所示路径及其沿对角线的对称路径是唯一的解答。(记住,每个方格只访问**一次**;也就是说,路径不能自己与自己相交。)

今天是周几?

今天是周六。(我在题目一开始就告诉了你,对话发生在昨天。)达伦的回答暗示对话发生在周五、周一或周四。迪莉娅的回答暗示对话发生在周六、周日或周五。唯一重合的日子是周五。因此,**对话发生在周五**。

是否合逻辑？

这个推理的逻辑是错的。如果天气不好，则猪不飞。因此，我们不知道它们是否有翅膀。所以我们不知道要不要带伞。

这可能看上去有点奇怪，一个推理的结论完全合乎情理，但它在逻辑上却是错误的。但实际上，这非常常见。例如，

$$2+2=22=2\times2=4$$

它在逻辑上纯属胡说八道，但它却得出了正确的答案。所有的数学家都知道，你有可能为正确的命题给出错误的证明。而你**不可能**做到的是，为错误的命题给出正确的证明，只要数学是内在逻辑一致的（这一点我们坚信不疑）。

配种问题

题目告诉我们，猫猫给猪配种。

鼠鼠不给猪、仓鼠、狗和斑马，所以他给猫配种。

现在，狗狗给仓鼠或斑马配种，猪猪给狗、仓鼠或斑马配种，马马给狗或仓鼠配种。由于姓氏听上去跟马马配种的动物一样的人给仓鼠配种，所以马马必定给狗配种。因此，狗狗给仓鼠配种，猪猪给斑马配种。

公平分配

下面是施泰因豪斯的方法。令三个人分别是阿瑟、贝琳达和查理。

(1) 阿瑟将蛋糕切成三份（他认为三份都是公平的，从而在他看来都是均等的）。

(2) 贝琳达必须要么

■ 选择过（如果她认为至少有两份是公平的），要么

■ 将（她认为不公平的）两份标记为"坏"。

(3) 如果贝琳达选择过，则查理选择（他认为公平的）一份。然后贝

琳达选择（她认为公平的）一份。最后，阿瑟取走最后那份。

(4) 如果贝琳达将两份标记为"坏"，则查理有机会做出跟贝琳达一样的选择（要么选择过，要么将两份标记为"坏"）。他不考虑贝琳达的标记。

(5) 如果查理在第四步选择过，则以贝琳达、查理、阿瑟的顺序（通过与第三步中相同的策略）选择蛋糕。

(6) 否则的话，贝琳达和查理各将两份标记为"坏"。这时肯定至少有一份他们都认为是"坏"的。阿瑟就分到那一份。（他认为三份都是公平的，所以他无法抱怨。）

(7) 将另外两份重新合并为一份。（查理和贝琳达都认为，剩下的至少是原来蛋糕的2/3。）现在查理和贝琳达就这份合并后的蛋糕进行"我切你选"，分享剩下的蛋糕（从而得到他们各认为公平的一份）。

第六宗罪

20世纪60年代早期，约翰·塞尔弗里奇和约翰·霍顿·康韦各自独立发现了一种在三个人之间分配蛋糕且无嫉妒的方法。方法大致如下。

(1) 阿瑟将蛋糕切成三份（他认为三份是公平的，从而在他看来都是均等的）。

(2) 贝琳达必须要么

■ **选择过**（如果她认为至少有两份是并列最大的），要么

■ **修剪**（最大的）那份（使得有两份同样大）。修剪下来的蛋糕屑放在一旁。

(3) 以查理、贝琳达和阿瑟的顺序每人各选（他们认为最大或同样大的）一份。如果贝琳达在第二步没有选择过，则她必须选择修剪后的那份，除非那份先被查理挑了。

在这一阶段，除了剩下的蛋糕屑，蛋糕的其他部分已按无嫉妒的方

式分成三份——"部分无嫉妒分配"。

(4) 如果贝琳达在第二步选择过，则没有蛋糕屑剩下，任务完成。如果她没有选择过，则要么是贝琳达，要么是查理，取修剪后的那份。不妨称这个人为"非操刀者"，称另一个人为"操刀者"。操刀者将蛋糕屑切成（他认为均等的）三份。

在下述意义上，阿瑟相对于非操刀者具有"不可逆优势"。非操刀者会得到部分蛋糕屑，但即使他得到全部蛋糕屑，阿瑟仍然认为他得到的没有超出公平的份额，因为他认为最初的三份蛋糕都是公平的。因此，**不论**现在蛋糕屑如何分配，阿瑟都不会嫉妒非操刀者。

(5) 三份蛋糕屑以非操刀者、阿瑟和操刀者的顺序选择。（每个人选择其中最大的，或者同样大的其中之一。）

非操刀者先选，因而没有理由嫉妒。阿瑟不嫉妒非操刀者，因为他具有不可逆优势；他也不嫉妒操刀者，因为他在人家之前选。操刀者不会嫉妒任何人，因为是他切的蛋糕屑。

最近，史蒂芬·布拉姆斯和艾伦·泰勒等人发现了其他非常复杂的针对任意个人的无嫉妒方法。

不过在我看来，分蛋糕时，如何避免第二宗罪*恐怕才更为棘手。

奇怪的算术

结果是正确的，尽管正如老师所说，你应该上下都约去9，将之简化为2/5。但亨利所用的**方法**适用场合有限。

例如，

$$\frac{3}{4} \times \frac{8}{5} = \frac{38}{45}$$

就是错的。

---

* 暴食。

那么他的方法究竟适用于哪些场合呢？一个容易找到的例子是，将亨利的分式上下颠倒：

$$\frac{4}{1} \times \frac{5}{8} = \frac{45}{18}$$

但还有其他例子。根据题目给出的分式的位数限制，我们可以试着求解方程

$$\frac{a}{b} \times \frac{c}{d} = \frac{10a+c}{10b+d}$$

它可化简为

$$ac(10b+d) = bd(10a+c)$$

其中 a, b, c 和 d 是1至9之间（包括1和9）的任意一个数。

当 $a=b$ 且 $c=d$ 时，有81种平凡解。除了这些平凡解，还有14种解，分别是 $(a, b, c, d)=(1, 2, 5, 4), (1, 4, 8, 5), (1, 6, 4, 3), (1, 6, 6, 4), (1, 9, 9, 5), (2, 1, 4, 5), (2, 6, 6, 5), (4, 1, 5, 8), (4, 9, 9, 8), (6, 1, 3, 4), (6, 1, 4, 6), (6, 2, 5, 6), (9, 1, 5, 9)$ 和 $(9, 4, 8, 9)$。它们可以构成七对 (a, b, c, d) 和 (b, a, d, c)，分别对应于将分式上下倒置。

井有多深？

井的深度为

$$s = \frac{1}{2}gt^2 = \frac{1}{2}10(6)^2 = 180 \text{米} = 590 \text{英尺}$$

考虑到手工计时的准确性，它已算是相当好的一个估算（考古学家通过皮尺量得的深度约为550英尺）。g 的一个更精确的值是9.8m/s²，这样算得的深度是176米或577英尺。考虑到实际所花时间要比6秒稍短一点，则结果要更接近。

是的，这口井真有那么深。那么古人是如何挖出这口井的，又是在什么时候？这些仍是未解之谜。

麦克马洪方块

下面是其中一种解答。还有其他17种本质上不同的解答，外加旋转和反射。

本质上不同的18种解答之一

这些方块的一个特征可以成为解题的突破口。为矩形的最外面一圈选择一种颜色，比如灰色。其中有三个方块是两个灰色三角形区域相对且剩下两个三角形区域是其他两种颜色。这三个方块不可能放在角上，并且它们要上下堆叠在一起。

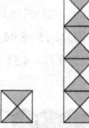

像上图左侧的方块必须堆叠在一起（白色三角形可以是黑色和白色的任意组合）

剩下还有大量可能性，但这毕竟排除了一些。事实上，共有18种本质上不同的解答，而通过交换颜色、旋转或反射，可得到216种解答。注意到上面的示例解答中第三列的堆叠。

撬动地球

假设阿基米德能够施加足以举起自己体重（比方说100千克）的力。地球的质量大约为$6×10^{24}$千克。为了让计算简单些，假设支点离地球1米远。由杠杆原理可知，从支点到阿基米德的距离为$6×10^{22}$米，而他的杠杆长$1+6×10^{22}$米——约合600万光年，相当于我们离仙女座星系的距离的两倍还多。如果阿基米德现在将他的杠杆一端下压1米，则地球会移动$1/(6×10^{22})=1.67×10^{-23}$米。

而一个质子的直径为10^{-15}米。

但不管多少，这也算动了，不是吗？

确实。但假设阿基米德不使用这一巨大得不可想像的设备，而是站在地球表面上并跳跃。他每向上跳高1米，地球就往下移动$1.66×10^{-23}$米（作用力与反作用力）。所以站在地面上跳与使用假想的杠杆具有完全相同的效果。

缺失的符号

好吧，+、−、×和÷是不行了，因为4+5和4×5太大，而4−5和4÷5又太小。平方根符号$\sqrt{\ }$也不行，因为$4\sqrt{5}=8.94$，那也太大。

准备放弃了？试试小数点怎么样，4.5？

有志者墙竟成

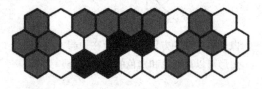

砌墙的方法

通过旋转和反射会得到另外三种解答。

水电气三通

你无法做到。根据题目的要求（不可交叉、在平面上做、不允许穿过房子和公用事业公司等），这道题无解。

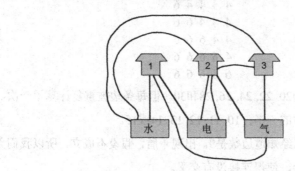

将连接穿过房子的一种作弊解答

只需稍加尝试，你很快会发现这是不可能的——但数学家需要严格的证明。为了找到一个证明，我们先将它们连接起来，暂且不管不可交叉的要求。为简化起见，我用圆点代替这些建筑：

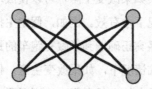

可以加以重绘，使得连接没有交叉吗？

现在，首先假设我们可以将上图加以重绘，在保持现有连接的同时消除交叉。那么这些连接会构成一个平面图，它有 $E=9$（九个连接），$V=6$（六个圆点）。根据平面图欧拉公式（参见第171页），如果 F 是面数，则

$$F-E+V=2$$

所以 $F-9+6=2$，即 $F=5$。五个面中有一个面无限大，构成了整个图的外部。

接下来我们以另一种方式来计算边数。每个面的边界是由各边围成

的一个闭环。你可以发现在上图中，可能的闭环要么由四条边构成，要么由六条边构成。因此，五个面的边数有六种可能性：

$$4\ 4\ 4\ 4\ 4$$
$$4\ 4\ 4\ 4\ 6$$
$$4\ 4\ 4\ 6\ 6$$
$$4\ 4\ 6\ 6\ 6$$
$$4\ 6\ 6\ 6\ 6$$
$$6\ 6\ 6\ 6\ 6$$

它们的总和分别为20, 22, 24, 26, 28和30。但每条边被重复计算了一次，所以边数是这些数的一半：10, 11, 12, 13, 14或15。

然而，我们已经知道边数是9。出现矛盾，假设不成立，所以我们无法将上图加以重绘，使得连接没有交叉。

人们常称，"你无法证明不存在"。但在数学中，在大多数情况下，你显然可以。

不要选到山羊

不是这样的。嘉宾如果改变主意，可以使成功的概率加倍。但这只在前述假定成立的情况下才有效。例如，假定主持人（记住，他知道跑车在哪扇门后）只在嘉宾正确选到了藏有跑车的那扇门时才提供改变主意的机会。在这种极端情况下，如果改变主意，他们总是会输。而在另一种极端情况下，如果主持人只在嘉宾选到了藏有山羊的门时才提供改变主意的机会，则他们总是会赢。

很好，但在我原来的假定成立时情况又怎样呢？五五开的论证看上去很有说服力，但其实是错误的。理由是，主持人的介入使得概率不再是五五开。

当嘉宾最初选择时，他们选对门的概率是1/3。因此，平均和长期而言，跑车藏在他们所选那扇门后的概率是1/3。后续发生的任何事情都不会改变这个事实。（除非电视台工作人员偷偷移动了大奖……好吧，让我们假定那也不会发生。）

在露出一只山羊后，嘉宾只剩两扇门可选。而跑车必定在这两扇门中一扇的后面（主持人永远不会选择露出跑车）。有1/3的概率，藏有跑车的那扇门恰好是嘉宾最初选择的那扇门。而有2/3的概率，跑车藏在**另**外一扇闭着的门后。因此，如果你不改变主意，你赢得跑车的概率是1/3。而如果你改变主意，你赢得跑车的概率是2/3——成功的概率加倍。

这种推理的困难之处在于，除非你已经花了大量时间学习概率论，否则你并不容易弄清楚怎么算猜对、怎样不算。你可以通过掷骰子来决定跑车藏在哪扇门后：比方说，如果掷到1或2，它就在第一扇门后；3或4，在第二扇门后；5或6，在第三扇门后。这样做实验二三十次，很快你就能看出，改变主意确实会提高成功的概率。有一次，我收到一封电子邮件。发件人告诉我，他们曾在酒吧里就这个问题争执不下，直到其中一个人取出笔记本电脑，编了个程序模拟一百万次尝试。"不改变主意"策略的猜对次数大约是333 300次，而"改变主意"策略的猜对次数是余下的666 700次。说来真是神奇，现如今人们可以在酒吧里花几分钟时间就做出上百万次的模拟。而且大部分时间还是用在了写程序上——实际的运行只花了不到一秒钟。

仍然没有被说服？有时把情况推到极端，事情就变得明朗起来。取一副普通扑克，将52张牌面朝下放在桌子上。让你的一位朋友从这副牌中抽一张牌，不许看，然后将它放在桌子上。如果那张牌是黑桃A（跑车）就算他赢，否则（山羊）就算他输。所以现在我们在52扇门（牌）后有1辆跑车和51只山羊。然后你拿起余下的51张牌，面朝自己，使得你可以看到牌面，而你的朋友不能。你从中弃掉50张牌，这些牌都不是黑桃A。这样你手中仍剩一张牌，另有一张在桌子上。剩下每张牌是黑桃A的概率**真**的都是五五开吗？你又为什么要这么小心地从51张牌中选择保留那张牌呢？显然你比你的朋友占尽优势。他们只能选择了一张牌，并且无法看到牌面。而你能选择51次，并且能看到牌面。所以他们只有1/52的概率选对，而你有51次机会。这还是个**公平**的游戏吗？赶紧改变主意选另一张吧！

所有三角形都是等腰三角形

错在假定X在三角形内。如果你精确地绘图，你会发现它并不在三角形内。并且事实证明，点D和E其中之一也在三角形外。在下图所示的情况下，D不在A和C之间。但另一个点E在三角形"内"——很靠边上，但毕竟不在外面。

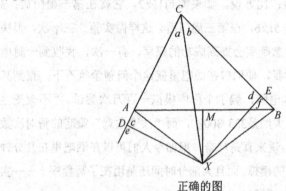

正确的图

这样整个论证就有漏洞了。我们仍然可以得到，$CE=CD$和$DA=EB$（第5步和第9步）。但在第10步，CA是$CD-DA$，而不是$CD+DA$。CB仍然是$CE+EB$。但我们就无法得出结论，$CA=CB$。

像这样的谬论很好地解释了为什么数学家如此着迷于揭示证明中隐含的逻辑假设。

年龄的平方

我们要找在2001左右的平方数。稍作一些尝试，可以发现$44^2=1936$，

45^2=2025。据此可知，贝蒂的父亲出生于1936–44=1892年（从而死于1992年），而阿尔菲出生于2025–45=1980年。

排除其他可能：贝蒂父亲前一个可能的出生年份是43^2–43=1806年，从而他死于1906年，并使得贝蒂的年龄超过六十岁。阿尔菲下一个可能的出生年份是46^2–46=2070年，这样在2001年他都还没出生。

无穷收益

无论你赢了多少，它都是有限的（除非博弈永远继续下去，而你总是在掷硬币；在这种情况下，你能赢得无穷多钱，但你必须等待无穷长时间才能得到这些钱）。因此，付无穷多的入场费是件傻事。正确的思路应该是，无论你付了多少有限的入场费，你的预期收益都要更多一些。当然，你赢得一大笔钱的概率会非常小，但赢取的数目如此巨大，足以补偿微小的成功概率。

但这仍然看上去很傻，而这正是让当时的数学家挠头的地方。这里的麻烦之处在于，预期收益构成了一个**发散级数**（趋向的极限不存在），而这可能会说不太通。

事实上，预期收益受限于该简单数学模型没有考虑到的两个因素：银行实际能支付的最大金额以及博弈进行的时间长度（最长不能超出一个人的有生之年）。例如，如果银行的可用资金有2^{20}英镑（1 048 576英镑），则你付20英镑是合理的。而如果银行的可用资金是2^{50}英镑（1 125 899 906 842 624英镑），则你付50英镑是合理的。

还有一个更哲学的要点：当"长期"远长于任何玩家实际能玩的时间时，所谓的长期预期收益到底有多大意义。如果你跟一家可用资金2^{50}英镑的银行进行这个博弈时，你需要进行2^{50}次尝试才能赢得一大笔钱，才足以补偿你付出的50英镑（更别说要是你付出更大的金额）。所以人类面对风险时的决策并不是单纯计算长期预期收益那样简单，特别是当收益（或损失）非常大，但其发生的可能性非常小时。

另一个相关的要点是，长期预期收益与尝试次数之间的关系。如果在实践中你仅有一次或几次玩的机会，这时你有极小的机会赢得一大笔钱，但务实的决策还是不要把钱浪费在这么虚无缥缈的事情上。

但另一方面，在预期收益**收敛**于一个有限金额的情况下，它可能更说得通。假设在第n次掷硬币时得到正面朝上，你赢得n英镑。现在预期收益是

$$1 \times \frac{1}{2} + 2 \times \frac{1}{2^2} + 3 \times \frac{1}{2^3} + 4 \times \frac{1}{2^4} + \cdots$$

它收敛于2。所以你应该付2英镑来玩这个博弈，这看上去就挺合理。

彩虹是什么形状的？

弧形是圆的一部分。对于每种颜色，其圆弧是非常窄的。相应的所有圆都有同一个圆心（它经常在地平线之下）。这里有趣的问题在于，为什么？事实证明其答案相当复杂，但也非常优雅。老师把我们的注意力引向彩虹的颜色是对的，尽管她错过了一次展示几何之美的很好机会。

考虑某一波长（颜色）的一道光以及一个雨滴的横切面。雨滴是球形，所以其横切面是一个圆。从太阳发出的光照在雨滴的前部被折射，在雨滴的后部被反射，并在离开雨滴时再次被折射，然后按大致与来路相同的路径返回。

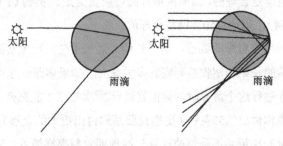

左图：一道光线的路径；右图：多道光

　　这是一道光时的情形，但在现实中有无数道光。离得非常近的很多道光通常会照在同一个雨滴上，只是入射的角度略有不同。不过由于聚焦作用，大多数光离开雨滴时的方向大体相同。这样得到的结果是，每个雨滴好像发出了一个那种颜色的光锥。这个圆锥的轴线是雨滴与太阳之间的连线。对于一个雨滴来说，这个圆锥的顶角大约为42度（具体取决于光的颜色）。

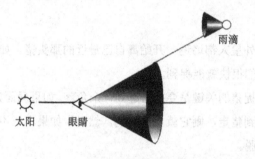

雨滴

太阳　　眼睛

眼睛看到一个光锥

　　如果将一个圆锥正对着放在眼前，你看到的将是它圆形底面的边缘。更精确地说，我们眼睛感知到的光线仿佛是由圆形底面发出来的。所以眼睛"看到"的是一个圆弧。但其实天上并不存在这样的圆弧：它只是一个错觉，由入射光线的方向所引起。

　　通常眼睛只能看到这个圆弧的一部分。如果太阳高悬在空中，则圆弧的大部分会在地平线之下。如果太阳靠近地平线，则眼睛能看到差不多一个半圆。完整的圆有时从航空器上能看到。如果雨离你不远，圆弧可能看上去处在景观的其他部分之前。这时圆弧常常只有一部分——只有当那个方向有雨时，你才能看到返回的光。

　　由于不同颜色的光形成的光锥的顶角角度不同，每种颜色看上去像处在位置略微不同的圆弧上，但它们有同一个圆心。所以我们看到了一系列"平行"的各色圆弧。

有时你会在第一道彩虹外侧见到第二道彩虹（霓）。它是以类似的方式形成的，只不过光在离开雨滴前多反射了一次。这时圆锥的顶角角度有所不同，并且颜色排列的顺序相反。在主虹内的天空较亮，在主虹与霓之间的天空非常暗，在霓之外天空则暗度中等。再一次地，所有这些都可以通过光线的几何学来解释。笛卡儿在1637年给出了这样的解释。

更丰富的信息可参见：en.wikipedia.org/wiki/Rainbow

外星人绑架

错在每个外星人都追逐一开始离自己最近的那头猪。如果换成追逐**另一头猪**，他们很快就能捉到。

为什么？捉猪的关键是要把它赶到一个角落。如果局面如下图所示，并且下一步轮到猪走，则它就会被捉到。然而，如果下一步轮到外星人走，猪就能逃脱。

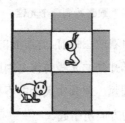

如何捉到猪（假设下一步轮到猪走）

发生哪种情况取决于外星人离猪的距离（以步数计）的**奇偶性**（是奇数还是偶数）。如果猪距离偶数步（每个外星人去捉一开始离自己最近的猪时就是这种情况），则猪总是能逃脱。而如果是奇数步（换成追逐另一头猪时的情况），则猪会被驱赶到一个角落并被捉到。

黎曼猜想的证否

这个推理在逻辑上是正确的。然而，它没有证否黎曼猜想！它给出的信息是自相矛盾的：它一方面暗示有一头大象在《大智者》节目中取胜，但另一方面又暗示没有。我们现在可以通过反证法来证明黎曼猜想是错误的：

(1) 假设反过来，黎曼猜想是正确的。

(2) 则有一头大象在《大智者》节目中取胜。

(3) 但没有大象在《大智者》节目中取胜。

(4) 出现矛盾，所以我们假设不成立。

(5) 因此，黎曼猜想是错误的。

当然，同样的论证也能用来证明黎曼猜想是正确的。

公园谋杀案

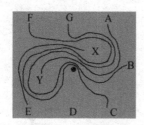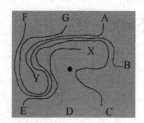

两种拓扑上不同的情况

从拓扑上说，只需要考虑两种情况。要么管家在前往X时经过Y的北面（左图），要么他经过了Y的南面（右图）。因此，猎场看守在前往Y时必定经过X的南面（或者相应地，X的北面）。

当地年轻人和小卖部老板娘的足迹必定如上图所示，或许还有些额外的曲折。在第一种情况下，小卖部老板娘从C到F的足迹隔断了当地年轻人前往尸体所在位置的路线。事实上，只有她和管家有可能前往黑斯廷斯尸体所在的位置。在第二种情况下也是如此。由于管家有不在场证明，所以凶手一定是小卖部老板娘。

立方体干酪

正六边形的顶点应是立方体的一些边的中点，如下图所示：

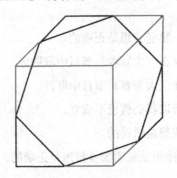

如何切出一个正六边形截面

为什么不能如法炮制？

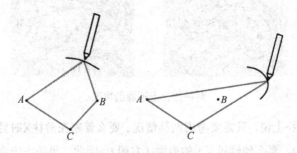

铅笔绘制出不同椭圆的弧

当铅笔处于上面左图所示的位置时，$AC+CB$的长度是固定的，所以这时铅笔的移动实际上等价于你将一段较短的绳环套在A和B上。因此，它绘制出的是一段以A和B为焦点的椭圆的弧。而当铅笔移动到上面右图所示的位置时，它绘制出的是一段以A和C为焦点的椭圆的弧。所以完整的曲线是由六段椭圆的弧相接而成的。由于这基本上没什么新东西，所以数学家不会（特别）感兴趣。

牛奶箱问题

对于1, 4, 9, 16, 25和36个瓶子，送奶工是对的，但对于49或更大的平方数，他错了。

稍作思考，你便能看出，在瓶子数充分大时，显然正方晶格堆积不可能是最佳方式。（不过，最佳方式**是**什么却极难找到，目前还没人知道。）原因也很简单：六边晶格比正方晶格更紧凑。当没有太多瓶子时，箱壁附近的"边缘效应"会阻止你充分利用这一部分空间。但随着瓶子数目的增加，边缘效应会变得可忽略不计。

而恰巧这个临界点接近于49个瓶子。事实证明，49个单位直径的瓶子可以装入边长略小于7个单位的方形箱子里。这个差别太小，肉眼看不出来，但你可以轻松看出那块六边晶格的部分要更紧凑。

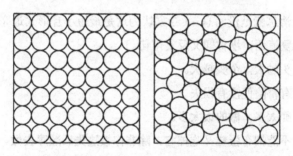

左图：7×7方形箱子中的49个单位直径瓶子；右图：如何将同样多的瓶子装入略小一些的方形箱子中

此外，这个例子也表明，**刚性堆积**（其中每个圆都无法移动）不一定是最密堆积。对于紧密摆放在方形箱子里的任意平方数个瓶子，正方晶格都刚性的。事实上，在无限大的平面上也是如此。

公路网

全长最短的公路网需要引入两个新的岔路口，并使公路在那里以相互成120度的角度相连。将同样的布局旋转90度是另一个唯一的替代方案。这里的总长度约为$100 \times (1+\sqrt{3})=273$千米。

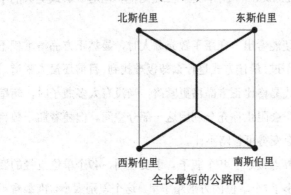

全长最短的公路网

同义反复谚语

- 没消息就是没消息。（专家认为这是最短小且形式最完美的同义反复谚语，堪称同义反复俳句。）
- 个头越大，个头越大。
- 没有冒险便没有损失。
- 厨师太多，做的饭太多。
- 你不能拥有蛋糕又吃掉它，**除非你按这先后顺序去做**。难办到的是你吃掉蛋糕又拥有它。
- 盯着锅看它肯定不会溢出来。（除非它是奶油蛋羹。）除了在量子场论的某些艰深理论中，液体沸腾所需的时间不受观察者的存在的影响。时间过得慢只是心理效应。不要被愚弄了。
- 如果猪有翅膀，空气动力学规律仍会让它飞不起来。我是说，理智地看，飞猪直升机在技术上不可行。

名副其实

$$\text{TWELVE}=1+4+1+1+4+1$$

龙形曲线

龙形曲线可以通过将一条纸带反复对折，然后将它打开，并使折角形成正确的角度而得到。

通过折纸来生成龙形曲线

这些曲线确定了一个分形（参见第184页）。事实上，当它趋于无限时，它是一条空间填充曲线（参见第82页），所填充的区域是一个复杂的、类似龙的形状。各曲线的往右（R）折和往左（L）折序列分别如下：

第1步　R

第2步　R R L

第3步　R R L**R**R L L

第4步　R R L R R L L**R**R R L L R L L

事实上，这里存在一个简单模式：在前一个序列的末尾加上一个R（我用粗体表示），再加上前一个序列的逆序（同时对调R和L），便可得到下一个序列。

龙形曲线由NASA的物理学家约翰·海韦、布鲁斯·班克斯和威廉·哈特发现，后经马丁·加德纳的《科学美国人》专栏而广为人知。它有许多迷人的特征，详见：en.wikipedia.org/wiki/Dragon_curve

翻棋游戏

假设有奇数枚黑棋（所以具体地，至少有一枚黑棋）。随着游戏的进行，被取走的棋子留下空档，将一行棋子打断成连在一起的一段段（我称之为**链**）。我们从一条链开始分析。

我将声称：任何有奇数枚黑棋的链都能被取走。下面是一种总能成功的方法。

从链的一端开始，找到第一枚黑棋。我将声称：取走那一枚黑棋，并翻转其邻居，这时存在三种可能性：

(1) 这条链原本由一枚孤立的黑棋构成，所以它被取走，没有影响到其他任何棋子；

(2) 你现在得到一条更短的有奇数枚黑棋的链；

(3) 你现在得到两条更短的链，每条链都有奇数枚黑棋。

如果上述断言是正确的，则你可以在更短的链上重复这一个过程。链的条数可能会增加，但它们会逐步变短。最终它们会短到只有一枚黑棋，从而可被取走。

只需分析一下一条链的所有三种可能性，就能证明上述断言不假。

(1) 这条链由一枚黑棋构成。它没有邻居，所以可被直接取走。

(2) 这条链的一个末端是一枚黑棋，取走黑棋，并翻转其邻居导致生成一条更短的有奇数枚黑棋的链。

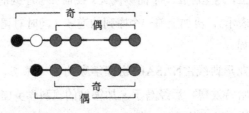

灰棋可能是黑棋也可能是白棋；末端的黑棋被取走，其邻居（这里显示为白棋）改变颜色；黑棋减少的数目是0或2，所以还余下奇数枚黑棋

(3) 这条链的两个末端都是白棋。将从一端（哪一端没有关系）算起的第一枚黑棋取走，并翻转其邻居导致生成两条更短的链。其中一条有

一枚黑棋（它是奇数），另一条有奇数枚黑棋。

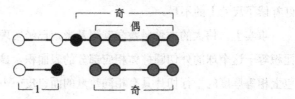

第一枚黑棋（左起）被取走，其邻居（一枚白棋，一枚灰棋
——黑白不确定）改变颜色；生成两条链：一条有一枚黑棋，
另一条有奇数枚黑棋

你选择取走哪枚黑棋是有影响的。例如，如果这条链有至少四枚棋子，其中三枚黑棋连在一起，与另一枚白棋相邻，则取走中间一枚黑棋是错误的。如果那样做的话，你将得到至少一条完全不包含黑棋的链，从而这条链无法被取走。

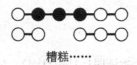

糟糕……

为了使分析更完整，下面将解释为什么当黑棋的初始数目为偶数时不可能取得成功。

(1) 如果没有黑棋（零是偶数！），则你根本无从开始。

(2) 如果黑棋的初始数目是偶数（且非零），则无论你取走哪个黑棋，都会生成至少一条有偶数枚黑棋的链。重复这个过程最终会导致生成一条没有黑棋但至少有一枚白棋的链。这条链无法被取走，因为你根本无从开始。

球形面包切片

每片面包有完全相等的面包皮。

乍看上去，这似乎不大可能，但靠近顶部和底部的面包片比中部的更为倾斜，所以它们含有的面包皮比你想像的要多。事实证明，斜面恰好补偿了尺寸上的不足。

事实上，伟大的古希腊数学家阿基米德已经发现，球形的切片的表面积等于这个球的外切圆柱体相应部分的表面积。显而易见，圆柱形面包上相等厚度的平行切片具有相同数量的面包皮……因为它们的形状和大小都相同。

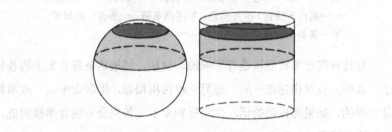

球带的表面积与外切圆柱体的相应部分的表面积相同

数理神学

我要求你从2+2=5开始证明1=1以及1=42。对此有很多有效证明（事实上是无穷多）。下面是两个例子。

- 由于2+2=4，我们可推得4=5。两边同乘以2得到8=10。从两边分别减去9得到-1=1。最后两边同时平方得到1=1。

- 由于2+2=4，我们可推得4=5。两边分别减去4得到0=1。两边同乘以41得到0=41。最后两边分别加上1得到1=42。

版 权 声 明

更多推荐

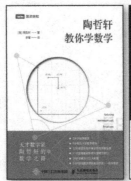

陶哲轩
教你学数学

黑白，2017-11，39.00 元

黑洞与暗能量
宇宙的命运交响

黑白，2017-11，99.00 元

算法小时代
从数学到生活的历变

黑白，2017-11，39.00 元

时间旅行简史
Time Travel: A History

黑白，2017-10，49.00 元

数学也荒唐
20个脑洞大开的数学趣题

全彩，2017-08，49.00 元

隐匿的宇宙：
宇宙は何で
できているのか
用基本粒子揭开宇宙之谜

黑白，2017-07，42.00 元

大便通

黑白，2017-05，39.00 元

物理
是什么

黑白，2017-05，49.00 元

用数学的
语言
看世界

黑白，2017-04，46.00 元

Professor Stewart's Cabinet of Mathematical Curiosities

数学万花筒
（修订版）

黑白，2017-04，39.00 元

Professor Stewart's Hoard of Mathematical Treasures

数学万花筒2
（修订版）

黑白，2017-04，39.00 元

Professor Stewart's Casebook of Mathematical Mysteries

数学万花筒3
夏尔摩斯探案集

黑白，2017-04，39.00 元

追踪引力波

寻找时空的涟漪

黑白，2017-03，49.00 元

计算进化史
改变数学的命运

黑白，2017-03，39.00 元

你不可不知的
50个
化学知识

50 Chemistry Ideas You Really Need to Know

黑白，2016-11，35.00 元

我心爱的雷龙
一本写给大人的恐龙书

黑白，2016-09，45.00 元

数学悖论
与
三次数学危机

黑白，2016-09，49.00 元

趣味学数学

Problem Solving Through Recreational Mathematics

黑白，2016-08，79.00 元

TURING
图灵教育

更多推荐

更多推荐

黑白，2016–08，42.00 元　　　黑白，2016–05，32.00 元　　　黑白，2016–05，39.00 元

黑白，2016–05，45.00 元　　　黑白，2016–01，32.00 元　　　黑白，2016–01，42.00 元

黑白，2016–01，42.00 元　　　黑白，2016–01，69.00 元　　　黑白，2016–01，39.00 元